FOOD CARVING

食品雕刻技艺

主　编　蔡亲宁

副主编　庄全球　吴　强　陈家耀　詹新明

编　委　黄奕国　劳振兴　姜　定　吴清鸿

　　　　王仁壮　唐永副

U0241794

北京·旅游教育出版社

策　　划：景晓莉

责任编辑：景晓莉

图书在版编目（ＣＩＰ）数据

食品雕刻技艺 ／ 蔡亲宁主编. -- 北京：旅游教育
出版社，2019.9
中等职业学校课程改革规划教材
ISBN 978-7-5637-4021-5

Ⅰ．①食… Ⅱ．①蔡… Ⅲ．①食品雕刻－中等专业学
校－教材 Ⅳ．①TS972.114

中国版本图书馆CIP数据核字(2019)第194673号

食品雕刻技艺

中等职业学校课程改革规划教材

蔡亲宁　主编

庄全球　吴强　陈家耀　詹新明　副主编

出版单位	旅游教育出版社
地　　址	北京市朝阳区定福庄南里 1 号
邮　　编	100024
发行电话	（010）65778403　65728372　65767462（传真）
本社网址	www.tepcb.com
E - mail	tepfx@163.com
排版单位	北京旅教文化传播有限公司
印刷单位	天津雅泽印刷有限公司
经销单位	新华书店
开　　本	787 毫米 ×1092 毫米　1/16
印　　张	9
字　　数	73 千字
版　　次	2019 年 9 月第 1 版
印　　次	2019 年 9 月第 1 次印刷
定　　价	39.00 元

（图书如有装订差错请与发行部联系）

食品雕刻，一般是指借助于特殊的刀具，运用特殊的刀法，将烹饪原料雕刻成花、鸟、虫、鱼、人物、吉祥物、盆景等具体形象的一门技术。食品雕刻大多以可食性的果蔬类为原料，与石雕、玉雕、木雕等艺术类雕刻形式有着共同的美学原理，是我国烹饪艺术中一颗璀璨的明珠。它可以装饰菜点、美化菜肴、烘托宴席气氛，给进餐者以美的艺术享受。

食品雕刻发展初期仅限于花卉一类的题材，随着技术的日臻成熟，到明代已出现了人物、花卉、鱼鸟、虫草等不同题材的食雕作品，闻名中外的扬州瓜雕艺术就是在那时出现的。因此，把中国的食品雕刻艺术称作是一门古老的艺术，完全恰如其分。

经过历代厨师的积极探索和努力，食品雕刻艺术发展到现代，无论在雕刻技法上还是在形式和题材上都有了长足的进步，不仅涌现出了一批造诣精深的食雕厨师，爱好这门艺术的人也与日俱增。相信在不久的将来，这门古老的艺术必能以其独特的风姿，在餐桌上大放异彩。

本食品雕刻教材体现的是理实一体化的编写理念。在中职教育中，理实一体化教学是指将理论教学的内容、形式与实践技能教学、训练有机结合起来，形成完整的教学体系的一种教学设计方法。也就是我们所说的理论与实践相结合，教中学，学中做，坚持实用为主、够用为度的原则，以职业技能训练为核心，建立若干教学模块，教、学、做一体化。该教学模式具有两大特点，一是突出职业技能训练的主导地位。围绕职业技能训练要求，确定理论教学内容，设置教学环节，配套教学进度，理论教学完全服务于职业技能训练；二是理论教学与职业技能训练相结合，注重学生的感知和实践操作，强调学生学习的主体能动作用。这种一体化教学模式能很好解决理论教学和实践教学相脱节的问题，避免理论课之间及理论课与实操课之间知识重复的问题，增强教学的直观性，充分体现学生在课堂教学中的主体参与作用，让学生通过实践活动掌握理论知识，使学生爱学、好学。在一体化的实训教室上课，教师一边传授理论知识，一边向学生演示实践操作技能，学生在实践操作中吸收并消化理论知识，实现了真正意义上的理实一体化。这种教学模式既减轻了老师上课的压力，也让学生在生动有趣的学习氛围中学到了知识和技能，相信我们的这种有益探索必将有助于教学质量的提高和高技能人才的培养。

本课程的设计思路是：第一，按照"以能力为本位、以职业实践为主线、以项目课程为主体的模块化专业课程体系"的总体设计要求，彻底打破学科课程的设计思路，紧紧围绕工作任务的完成需要来选择和组织课程内容，让学生在职业实践活动的基础上掌握理论知识，增强课程内容与职业岗位能力要求的关联性，提高学生的学习兴趣。第二，根据本课程涉及的工作领域和工作任务范围，以该职业所特有的工作任务逻辑关系而不是知识关系选取学习项目，使工作任务具体化。第三，依据工作任务的完成需要、中等职业学校学生的学习特点和职业能力养成的规律，按照"学历证书与职业资格证书嵌入式"的设计要求，确定课程的知识、技能等内容。第四，充分发挥课程的育人功能，全面提高学生的专业素养及整体素质。第五，注重对学生的专业应用能力、审美能力与探究能力的培养，促进学生均衡而有个性地发展。

编　者

目 录

单元 1
食品雕刻基础知识

任务1 了解食品雕刻的特点和意义

任务2 会认食品雕刻常用原料
掌握选料原则

任务3 能认、会用食品雕刻常用刀具、
熟练运用食品雕刻常用刀法和手法

任务4 了解食品雕刻分类及雕刻工序

任务5 掌握食品雕刻作品的保存方法
了解食品雕刻运用实例

任务1 了解食品雕刻的 特点和意义

1. 知识目标：了解食品雕刻的基本概念和意义，掌握食品雕刻的特点。

2. 能力目标：通过观察、资料收集，培养学生的主动学习意识，通过生活中对美术雕刻作品的认识，通过对比来认识食品雕刻，为今后的学习和创作打好基础。

3. 德育目标：培养学生勤奋好学的品质和良好的专业学习兴趣。

教学用具

美术雕刻作品、食品雕刻作品和电教设备等。

课前准备

学生任务

1. 作业任务：（1）查找美术雕刻的概念、特点和作品图片，如根雕、木雕、石雕、玉雕等。

（2）查找食品雕刻的概念、特点和作品图片，如果蔬雕刻、琼脂雕刻等。

2. 途　　径：互联网、图书、美术雕刻专营店。

3. 呈交方式：PPT文档，发到老师的邮箱。

4. 要　　求：小组完成。

5. 教学建议：与计算机任课教师合作，对学生进行指导。

教师任务

1. 认真检查学生们发来的作业。

2. 筛选部分完成得比较好的作业，进行整合，做成PPT课件，为教学做好前期准备工作。

【活动1】学生汇报课前作业任务

引　　语：通过课前的作业任务，同学们已经对美术雕刻和食品雕刻的概念及其作品有了初步的认知，并通过PPT的方式向老师呈交了自己的学习成果，下面让我们以热烈的掌声有请小组代表上台展示自己的成果吧。

建议教法：学生展示法、多媒体辅助教学法。

活动设计：1. 让各小组派代表展示收集的美术雕刻和食品雕刻的概念和图片资料，并给予说明。

　　　　　2. 学生投票选出大家认可的表述食品雕刻概念最到位的一组及其代表图片。

活动目标：1. 通过课前作业任务，培养学生的多媒体使用能力、观察能力和信息资料收集能力。

　　　　　2. 通过说明，培养学生的表达概括能力。

【活动2】教师点评学生完成课前作业任务情况

建议教法：多媒体辅助教学，讲述法。

活动设计：教师依据学生的课前作业，进行整合，把其中比较好、有代表性的图片制作成多媒体课件，进行展示和讲述。

活动目标：1. 通过点评，让同学们全面了解各个小组完成的情况。

　　　　　2. 表扬做得好的小组，并给予平时加分，进行激励。

【活动3】教师讲解食品雕刻的概念和意义

建议教法：讲解、运用多媒体辅助教学。

活动设计：通过多媒体展示美术雕刻作品，引出食品雕刻的概念。

教学目标：通过对比，结合生活经验事例，让学生充分了解食品雕刻的含义。

1. 教师简述美术雕刻的概念

　　美术雕刻是雕、刻、塑三种创制方法的总称。指用各种可塑材料（如石膏、树脂、黏土等）或可雕、可刻的硬质材料（如木材、石头、金属、玉块等），创造出具有一定空间的可视、可触的艺术形象，借以反映社会生活、表达艺术家的审美感受、审美情感、审美理想的艺术。雕、刻，是减少可雕性物质材料；塑，则通过堆增可塑物质性材料来达到艺术创造的目的。

2. 教师讲解食品的概念

食品雕刻，就是把各种具备雕刻性能的可食性原料，运用特殊的手法和刀法加工成形状美观、吉庆大方、栩栩如生，具有食用和欣赏价值的艺术作品的一门技术。

【活动4】教师讲述食品雕刻的意义

建议教法：讲述、多媒体辅助教学。

活动设计：运用多媒体展示食品雕刻的运用实例，讲述食品雕刻的意义，让学生充分认识本学科在专业学习中的重要地位。

教学目标：让学生理性和感性认识食品雕刻的意义，激发学生的学习兴趣。

1. 多媒体课件展示图片样例

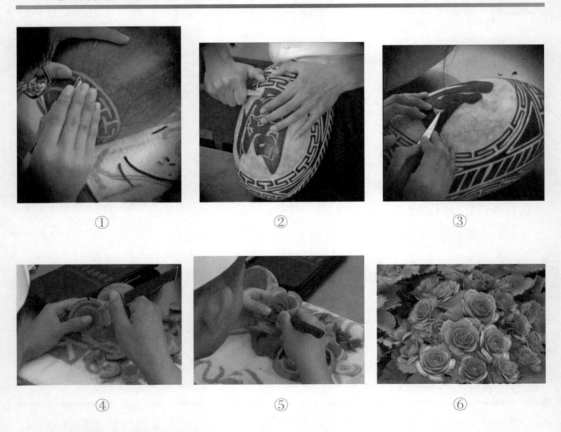

①　　　　　　　　②　　　　　　　　③

④　　　　　　　　⑤　　　　　　　　⑥

2. 教师讲解食品雕刻的意义

中国烹饪历来讲究色、香、味、形、质、器、养、意俱全，我们烹制菜品时不仅要考虑营养、味道、质感，还要考虑造型、色彩和意境等视觉审美因素，也就是我们所说的菜品的"卖相"。食品雕刻是在追求烹饪造型艺术的基础上发展起来的一种点缀、装饰和美化菜品的应用技术,它对点缀菜肴,美化宴席起着重要的作用。食品雕刻是一门综合艺术,是绘画、雕塑、插花、灯光、音乐以及书画等综合艺术的体现,用这些形态逼真、寓意深远的食雕作品点缀菜肴、装饰席面,不仅有烘托主题、增添气氛的作用,而且还有赏心悦目、使人增加食欲的作用。如:婚宴上使用龙凤呈祥或鸳鸯戏水,寿宴上使用仙翁献寿或松鹤延年,庆功宴使用雄鹰展翅或骏马奔腾等,可以使菜肴、雕刻作品和宴会环境达到协调一致的境界。现在,人们生活质量提高了,不仅注重菜肴口味的多样化,而且对菜肴的色泽和造型也有了新的、更高层次的审美要求,这就要求现时期的厨师和食品雕刻爱好者,必须具备很好的审美眼光和艺术造型的能力。

【活动5】教师讲解食品雕刻的特点

建议教法:讲述、运用多媒体课件辅助教学。

活动设计:通过多媒体展示美术雕刻和食品雕刻图例,让学生从使用工具、用料、用途、保存等方面谈两者的共异之处。

引　　语:从广义上说,食品雕刻属艺术雕塑的范畴,它是实用美术的一种,同其他造型艺术创作一样,有命题、构思、设计、制作的过程,在这一点上,两者是一致的,但食品雕刻又属于烹饪艺术,有不同于其他美术雕塑的特点。

特点1: 原料上的区别

美术雕刻作品

食品雕刻作品

（1）一般美术雕刻大都用一些质硬且较贵重的材料,如玉石、木根、象牙等。

（2）食品雕刻大多用一些蔬菜、瓜果等可食性原料,它虽受局限,但也有其优越性，因为蔬菜、瓜果品种繁多，形态各异，色泽艳丽、丰富，晶莹透亮，独具美感。

特点2：刀具上的区别

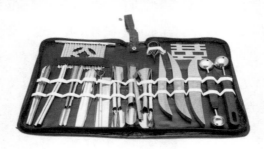

食品雕刻刀

木刻刀　　　　　　　　　　　　　　　　玉雕机

（1）美术雕刻所用的工具，钢刃要好，而且很锋利，甚至要动用现代化的机床进行加工。

（2）食品雕刻用具可根据厨师本身所需定做，钢刃不一定很好，一个易拉罐皮所制工具、一把水果刀便能进行加工，而且携带方便。现在，木刻刀也是雕刻常用工具。

特点3：用途上的区别

（1）美术雕刻作品的艺术性较强，主要是用来收藏、观赏或者馈赠亲友。

（2）食品雕刻主要用来装饰席面和美化菜肴，它的观赏性远大于它的食用性。

食品雕刻作品

美术雕刻作品

特点4：制作速度与保存方法上的区别

（1）美术雕刻作品的制作周期较长，有一定的技术难度，但保管较为方便，不易破碎，能永久保存、珍藏。

（2）食品雕刻大都选用含水分较多的植物性原料，所以它极易腐烂变质或干瘪，生命力较短，故不能长时间保存，而且制作的速度快，简洁明了，这就要求厨师具有高度概括的形象思维能力与较强的动手能力。

温故知新

任务1：收集美术雕刻和食品雕刻作品图片，要求以PPT形式上交。

任务2：整理笔记。

课后任务

（1）去菜市场收集食品雕刻常用的萝卜类、瓜类、薯类原料的图片。

（2）了解食品雕刻特殊材料琼脂、黄油特点。

（3）收集常用食品雕刻原料的名称和市场价格。

任务目的：通过完成任务，让学生了解食品雕刻常用的原料和价格，为今后的学习和实践打好基础。

任务要求：上交PPT。

任务2 能认食品雕刻常用原料、掌握选料原则

教学目标

1. 知识目标：熟悉食品雕刻的常用原料。

   掌握食品雕刻常用原料的选择原则和运用实例。

2. 能力目标：通过观察、资料收集、培养学生的主动学习意识。通过学习，让学生熟悉食品雕刻的原料和选择方法以及基本运用规律。

3. 德育目标：培养学生勤奋好学的品质和良好的专业学习兴趣。

教学用具

美术雕刻作品、食品雕刻作品和电教设备等。

实施教学

【活动1】学生汇报课前的作业任务

引　　语：通过课前的作业任务，同学们已经对食品雕刻常用的萝卜类、瓜类、薯类及特殊材料琼脂和黄油等有了外观特点和价格上的认识，并通过PPT的方式向老师呈交了自己的预习成果，下面让我们以热烈的掌声有请小组代表上台展示他们的成果吧。

建议教法：学生展示法，多媒体辅助教学法。

活动设计：让各小组派代表展示收集的食品雕刻常用原料的图片，说明其特性。

活动目标：1.通过完成任务，让学生了解食品雕刻常用的原料和价格，为今后的学习和实践打好基础。

2.通过课前作业任务，培养学生的多媒体使用能力、观察能力和信息资料收集能力。

3.通过说明，培养学生的表达概括能力。

【活动2】教师点评学生作业

建议教法：多媒体辅助教学，讲述法。

活动设计：教师依据学生的课前作业成果，把共性和异性的问题整合到多媒体课件中进行讲述。

活动目标：1. 通过点评，让同学们全面了解各个小组完成任务的情况。

2. 表扬做得好的小组，并给予平时加分，进行激励。

【活动3】教师讲解食品雕刻常用原料

建议教法：教师讲述、运用多媒体辅助教学。

活动设计：通过多媒体展示食品雕刻原料的图片，结合图片讲述其特点、选择原则和运用。

引　　语：食品雕刻的原材料比较丰富，品种繁多，常用的原料有两大类：一类是质地细密、坚实脆嫩、色泽鲜艳的根茎、叶、花、果等；另一类是加工制品的蛋类、琼脂和黄油等。实际运用时要根据当地原料供应情况，灵活选用。

1. 萝卜类

青萝卜：肉质脆嫩、外青渐白，可制作花卉、鱼虫以及其他小动物等。

心里美萝卜：肉质脆嫩、外青内紫红、晶莹透亮，可制作花卉，鱼虫以及小鸟等。

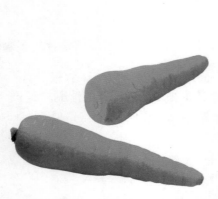

胡萝卜：肉质微粗、色泽金黄，可制作花、小鸟、鱼虫、小型的人物或龙凤等。

白萝卜：肉质脆嫩、肉色洁白、晶莹透亮，可制作花卉、人物、鱼虫及大型的禽鸟动物等。

2. 薯类

甘薯（山芋、地瓜）：肉质较强、色泽微黄、可制作动物、建筑等。

芋头：肉质较强、肉质细白、有斑点纹路，可制作动物、建筑等。

3. 瓜类

南瓜：一种是长腿南瓜，肉质细嫩、色泽橘红略黄，可制作花鸟、鱼虫、人物等。是大型立体雕刻的上等原料；另一种为扁圆形南瓜，肉质细嫩、瓜瓤较多、色黄偏红，可制作花篮、瓜盅等。

西瓜：外皮深绿、黄绿或嫩绿、肉质细嫩、内瓤有红、黄等色，可制作瓜灯、瓜盅等。

黄瓜：外皮深绿、肉质鲜嫩、肉色淡绿，可制作花鸟、鱼虫、盘饰等，是点缀菜肴较为方便的原料之一。

4. 食品雕刻特殊材料的制作及其雕刻方法

随着烹饪技术的不断创新和发展，一些新颖的食品原料也悄悄地走进了食品雕刻的行列中，并得到了充分利用和发展，这使食品雕刻不再局限于瓜果蔬菜。

下面列举一种常见的特殊材料——琼脂。

琼脂，是近几年来才使用的一种新型食品雕刻材料。琼脂用于雕刻，在加工制作过程中要远比在制作冷菜和热菜时老得多，我们一般把琼脂加水浸泡至透并去除杂质，捞起放入锅内加极少量的水，用小火慢熬至熔化（或直接放入盆内蒸至熔化），倒入备好的容器中，凉透后即可用于雕刻。我们还可根据需要，在琼脂中加入适量的色素，使其色彩更加丰富。

琼脂的雕刻方法与瓜果雕刻基本相同，但构思创作的余地比瓜果蔬菜更大。其作品色泽鲜艳，如美玉一般，晶莹透明，这种材料还可反复使用，在练习中不会造成浪费。

在雕刻过程中如果出现断裂，也可用502胶进行粘连。

5. 其他雕刻材料

洋葱

葱白

白菜

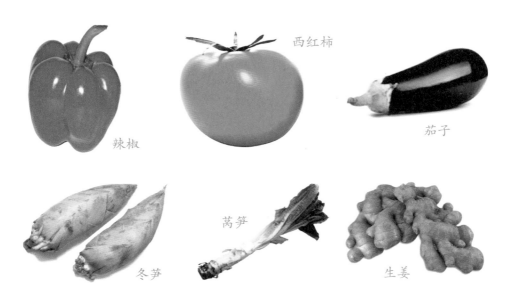

西红柿

辣椒

茄子

莴笋

冬笋

生姜

图例材料以及各种水果等，都可制作小花、小动物等，在此不逐一列出，大家可依具体情况灵活运用。

【活动4】教师讲述食品雕刻选料原则

建议教法：讲述、运用多媒体课件辅助教学。

活动设计：多媒体展示与主题相关的图片，图文并茂让学生更容易理解课文内容。

教学目标：让学生理性和感性认识食品雕刻原料的选择原则，激发学生的学习兴趣。

引　　语：食品雕刻的原料如此丰富，制作者选择的余地也较大，为使作品达到最佳效果，在适当进行有目的挑选时，注意以下几点原则：

1. 结合主题，因材施艺

既要雕刻出精美的作品，又要做到节约原料，物尽其用，就必须结合雕刻主题，根据原料的形状、大小、弯曲度、色泽等特点，进行构思和创作。

2. 原料色彩的搭配要协调

由于原料品种繁多，色彩丰富，有助于拓宽构思创作空间。我们要利用原料自身的色彩进行合理组配，使原料的色彩在作品中尽可能得到完美体现。如雕刻"彩凤飞舞"这一作品时，可以选用白萝卜作为浪花的原料，青萝卜作为凤凰的雕刻用料，心里美萝卜作为彩云的原料，三种颜色完美结合，达到逼真、自然的效果，使人赏心悦目。

3. 选择新鲜的，成熟度合适的原料

选择原料时要注意原料的新鲜度，所选原料必须无缝瑕，纤维细密，分量足，颜色鲜艳，不脱水干瘪。要选用成熟度恰到好处的原料，选用的南瓜如果熟度不够，肉质就会过于柔软而无法使用；如果过于成熟，则肉质太硬、不易下刀，且容易腐烂，不易保存，色泽也不够纯正，从而影响雕刻效果。

温故知新

任务1：制作一块正方形的琼脂冻材料，规格：正方形边长为10厘米；要求：用红色素和绿色素调色，两种色素各占1/2。

任务2：借助网络或图书的支持，查找用心里美、胡萝卜、芋头、南瓜、西瓜和琼脂等常用原料雕刻的作品图片，要求用PPT形式上交查找结果。

任务3：整理笔记。

课后任务

布置下一堂课的课前预习任务：借助网络或图书等手段，查找食品雕刻所使用的工具图片。

任务目的：通过完成任务，让学生初步认识食品雕刻的基本工具，为今后的学习和实践打好基础。

任务要求：上交PPT。

任务3 能认、会用食品雕刻常用刀具，熟练运用食品雕刻常用刀法和手法

教学目标

1. 知识目标：能辨认不同用途的食品雕刻用具。

2. 技能目标：学会食品雕刻的手法和刀法。

3. 能力目标：培养学生的多媒体使用能力、观察能力和信息资料收集能力。

教学用具

食品雕刻刀具、胡萝卜和电教设备等。

实施教学

【活动1】教师点评学生上节课完成作业情况

建议教法：师生共评，多媒体辅助教学法。

活动设计：1. 展示琼脂冻全部作品，师生共同评价琼脂冻的完成状况。

2. 教师借助多媒体课件，展示用常用原料雕刻成的作品的图片。

3. 对完成好的同学进行平时加分。

活动目标：1. 让学生在评价中培养审美能力和表达水平。

2. 让学生学会欣赏食品雕刻作品，并把效果好的图片共享在班群中，方便同学们在雕刻实践中参考借鉴。

3. 通过加平时分，激发同学们的学习积极性。

【活动2】学生汇报上次课程布置的作业任务

引　　语：通过课前的作业任务，同学们已经对食品雕刻常用刀具有了初步认识，并通过PPT的方式向老师呈交了自己的预习成果，下面让我们以热烈的掌声有请小组代表上台展示他们的成果吧。

建议教法：学生展示法、多媒体辅助教学法。

活动设计：让各小组派代表展示收集到的食品雕刻常用原料的图片，并说明各原料的特点。

活动目标：1.通过任务，让学生了解食品雕刻常用的刀具。

2.通过任务，培养学生的多媒体使用能力、观察能力和信息资料收集能力。

3.通过说明，培养学生的表达概括能力。

【活动3】教师简述食品雕刻常用刀具

建议教法：讲解、运用多媒体辅助教学。

活动设计：通过多媒体展示食品雕刻刀具的图片和实物刀具，图文并茂进行刀具的介绍。

教学目标：通过教学，让学生认识食品雕刻常用的刀具，掌握其基本使用方法。

引　　语：现在市场上的食品雕刻工具种类繁多，各地厨师的雕刻手法和所使用的工具也有差异，所以很难划分其规格与标准。

1. 平口刀

平刀的身长约25厘米，宽3厘米左右，它的用途比较广泛，在整个雕刻过程中起着决定性的作用，使用较为频繁，是雕刻主刀。

2. 圆口刀

圆口刀有多种型号，它的刀口为半圆形，体长约15～20厘米，使用较为方便、快捷，主要用于雕刻禽鸟类羽毛以及花瓣等。

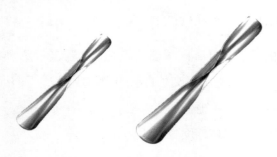

3. "V" 形刀

又叫三角槽刀，与圆口刀一样也有几种型号，它的刀口呈 "V" 字形，体长约15～20厘米，主要用于雕刻花瓣、禽鸟类的羽毛、装饰纹等。

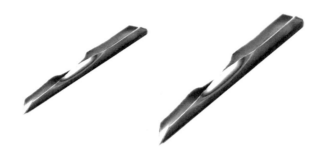

4.拉刻刀

可分为大号、中号和小号拉刻刀，适用于各种果蔬雕刻，辅助主刀拉刻出物体的大体轮廓，或用作禽鸟类羽毛的雕刻，是琼脂雕最佳雕刻刀具。

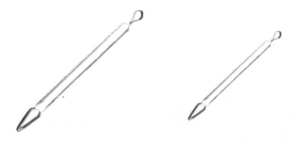

【活动4】教师讲述和示范食品雕刻常用刀法和手法

建议教法：讲述法，运用多媒体课件辅助教学。

活动设计：1.多媒体展示与主题相关的图片，图文并茂让人更容易理解课文内容。

2.教师用实物刀具和原料进行手法的运用示范，训练指导学生练习。

教学目标：让学生理性和感性认识食品雕刻的手法和刀法，激发学生的学习兴趣。

引　　语：对于初学者来说，掌握正确的雕刻手法和刀法尤为重要，在雕刻过程要达到 "快、准、狠" 的技术要求，就要学会正确的雕刻手法和刀法。

一、食品雕刻常用手法

1.横刀手法

右手四指横握刀把，拇指贴于刀刃内侧。运刀时，四指上下运动，拇指则按住所要刻的部位。

2.纵刀手法

四指纵握刀把，拇指贴于刀刃内侧。运刀时，腕力从右往左或由上向下运动。

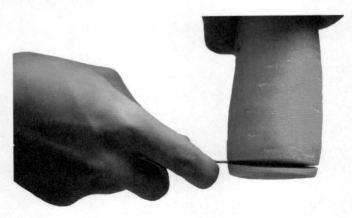

3.执笔手法

握刀的姿势同握笔，即拇指、食指、中指捏稳刀身。

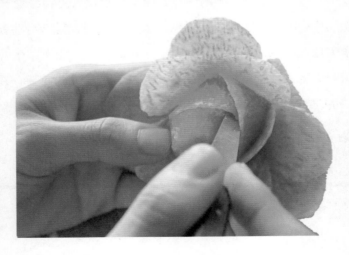

4.插（戳）刀手法

插（戳）刀手法与执笔手法大致相同，区别是小指与无名指必须按在原料上，以保证运刀准确，不出差错。

二、食品雕刻常用刀法

1. 切

用平口刀或菜刀、西餐刀等，将刀口与砧板垂直，向下用力分割原料的一种刀法。这种刀法主要用于修整初坯大形原料。

2. 削

主要是用来将原料削至平整光滑及削出雕品轮廓的一种刀法。

3. 旋

旋，是用平口刀对原料进行圆弧形雕刻。这种刀法主要用于雕刻花卉，或将物体修整成圆形。主要用于月季花、喇叭花的雕刻。

4. 刻

刻，是用平口刀对物体在基本大形确定的基础上，进行细部雕刻直至作品完成。下刀干脆利索，是制作过程中最关键的刀法。

5. 戳

即用圆口槽刀或三角槽刀对原料由外向内插刻。主要用于一些禽鸟类的羽毛、鱼鳞、花瓣的雕刻以及阴阳刻线等。

6. 拉刻

拉刻刀法是一种最近很流行的雕刻刀法，其主要是辅助主刀，拉刻出物体的基本轮廓，或为禽鸟类拉刻羽毛。

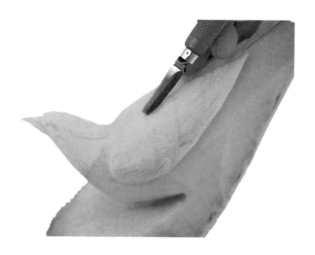

7. 镂刻

镂刻，是用平口刀或者空心模具对原料由外向内刻空，将图案周围多余部分刻去。此刀法主要用于雕刻瓜灯、瓜盅及浮雕等。

食品雕刻的基本刀法很多，还有一些刀法，如刨、挖、掏、锯、批、压等，具体雕刻时，要根据刀法的变化灵活运用。

【活动5】学生进行食品雕刻常用刀法和手法的训练

建议教法：实物练习法、指导法。

活动设计：1. 通过练习，让同学们从感性上认识食品雕刻的手法和刀法。

2. 教师通过指导，让学生掌握正确规范的手法和刀法。

任务1：根据所学知识，运用罐头铁片尝试制作U形和V形插刀，规格为2.5厘米和0.3厘米口宽和两个模具，形状不限，规格要求长宽不超过10厘米。

任务2：利用课后空闲时间，训练雕刻的手法和刀法。

任务3：整理笔记。

课后任务

布置下一堂课的课前预习任务：借助网络或图书等手段，首先了解浮雕、整雕、零雕整装、镂空雕、模雕类型等类型的含义，并查找出每种类型的代表图片。

任务目的：通过完成任务，让学生初步认识食品雕刻的类型，为下节课的学习和实践打好基础。

任务要求：上交PPT。

任务4　了解食品雕刻分类及雕刻工序

教学目标

1. 知识目标：能口述食品雕刻的基本类型及其概念。

2. 技能目标：掌握食品雕刻的步骤。

3. 能力目标：培养学生的多媒体使用能力、观察能力和信息资料收集能力。

教学用具

黑板和电教设备等。

实施教学

【活动1】上节课作业讲评

建议教法：师生共评，多媒体辅助教学法。

活动设计：1. 展示学生制作的雕刻工具作品，让学生进行说明和评价。

　　　　　2. 教师借助多媒体课件或雕刻工具实物，对比学生的作品进行点评。

　　　　　3. 对完成好的同学进行口头表扬和平时加分。

活动目标：1. 让学生在评价中培养其审美能力和表达水平。

　　　　　2. 让学生明确雕刻刀具的规格标准。

　　　　　3. 通过加平时分，激发同学们的学习积极性。

【活动2】学生汇报课前作业任务

引　　语：通过课前的作业任务，同学们已经对食品雕刻的类型有了初步的认识，并通过PPT的方式向老师呈交了自己的预习成果，下面让我们以热烈的掌声有请小组代表上台展示他们的成果吧。

建议教法：学生展示法，多媒体辅助教学法。

活动设计：让各小组派代表展示收集到的食品雕刻类型的图片，说明其特点。

活动目标：1.通过任务，让学生了解食品雕刻类型及其含义。

2.通过任务，培养学生的多媒体使用能力、观察能力和信息资料收集能力。

3.通过说明，培养学生的表达概括能力。

【活动3】教师点评学生完成课前作业任务情况

建议教法：多媒体辅助教学，讲述法。

活动设计：教师依据学生的课前作业，进行整合，把其中比较好有代表性的图片制作成多媒体课件，进行展示并讲述。

活动目标：1.通过点评，让同学们全面了解各小组完成任务的情况。

2.表扬做得好的小组，并给予平时加分，进行激励。

【活动4】教师简述食品雕刻分类

建议教法：讲解、多媒体辅助教学。

活动设计：通过多媒体展示食品雕刻类型的文字和图片，图文并茂进行解读。

教学目标：通过教学，让学生熟悉食品雕刻的类型。

引　　语：食品雕刻的花样繁多，雕刻作品无论是花鸟鱼虫、飞禽走兽、盆景建筑还是人物等，可谓是百花齐放，形式各异，其表现形式大体可归纳为以下几种：浮雕、整雕、零雕整装、镂空雕、模雕等。

一、平面浮雕

平面浮雕，又称凸凹雕或阴阳雕，是在原料的表面，雕刻出向外突出或向里凹进的花纹或图案。适合制作西瓜盅、南瓜盅、冬瓜盅等。

1. 凸雕

又称阳纹雕，是在原料的表面上刻出向外的图案，如南瓜盅、西瓜盅、椰子盅等。

椰子盅

2. 凹雕

又称阴纹雕，是在原料的表面上刻出向里凹进的图案，以平面上的凹状线条或图形表示物象形态的一种方法，如西瓜盅、西瓜灯、南瓜盅等。

西瓜盅

二、立体整雕

立体雕刻，又称整雕，是用一块整料（不附加其他任何原料）雕刻成一个完整的、独立的、立体的主体造型。如马踏前程、鱼戏水、凤凰戏牡丹、鹏程万里等。

鱼戏水

三、零雕整装

零雕整装，是用多块原料（一种或多种不同的原料）雕刻某一题材（或多个题材）的各个部位（或部件），再将这些部位（或部件）组装成一个完整的造型。

孔雀开屏

这要求制作者要有广阔的想象空间，艺术构思与制作能力要强。特别要指出的是，南方的原料相对北方来说，种类少而且小，因此大多数的作品都是以零雕整装的类型来表现，然后用502胶水将小的原料粘贴组装成大的作品。

四、镂雕

镂雕，即在原料表面插刻各种花纹图案，去掉其余部分，它实际上是浮雕的一种。通过这一方法雕刻成的作品，能从外看到内，图案玲珑剔透，色彩层次分明。如龙形冬瓜盅、金鱼戏莲等。

镂雕

【活动5】教师讲述食品雕刻工序

建议教法：讲述法，运用多媒体课件辅助教学。

活动设计：用多媒体展示与主题相关的图片，图文并茂进行课文讲述。

教学目标：让学生理性和感性认识食品雕刻的步骤，激发学生的学习兴趣。

引　　语：食品雕刻和美术雕刻作品一样，都有从命题、构思、选料到雕刻这一复杂
　　　　　的创造过程。

1. 命题

命题，就是根据宾客对象、饮食的主题、时令的要求等因素，确定作品的主题，达到题、形、意三者的高度统一。例如婚宴中常选用"龙凤呈祥""鸳鸯戏水"；为老人举办寿宴，常用"松鹤延年"或"仙翁献寿"等作品为雕刻题材，表示吉祥、祝福。国宴中，应考虑参加国宾客的忌讳和爱好，例如伊斯兰教国家忌用猪或类似猪的动物题材；日本人忌讳用荷花；法国人忌用黄色的花等。

2. 设计

确定主题后，要根据主题和使用的要求，进行针对性的设计，如雕刻"龙凤呈祥"时，首先要考虑龙头布置在什么部位，凤头安排在什么地方，身体、云彩怎么安排，这些都要合理布置，否则会显得杂乱无章，无法使整个画面协调完美。

3. 选料

作品设计定型之后，就要根据所设计的作品的内容、形态进行选料。选料的颜色、大小、形态、质地都要有符合作品的特点。尽量做到大材选大料，小材选小料，使雕品的色彩和质量均达到题材设计的要求。特别是南方地区，由于原料偏小型，在雕刻大件作品时，可以考虑运用拼接粘连的手法来突破原料过小的局限。

雕刻"龙凤呈祥"宜选用长型、大号、黄瓤、质地较硬的南瓜。

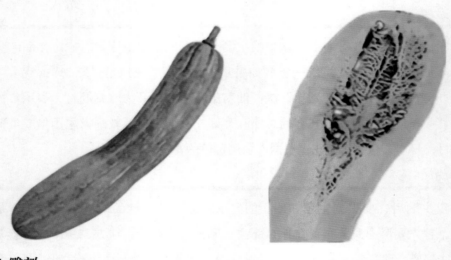

4. 雕刻

雕刻是命题的具体表现，它是最重要的一环，其方法有多种多样，有的需要从里向外雕，有的要从外向里雕，有的要先雕刻头部，有的先要雕刻尾部，这都要根据雕品内容和类型而定。整雕作品我们都是先表现大致轮廓，再细致雕琢成型，接着打磨，最后进行装饰。

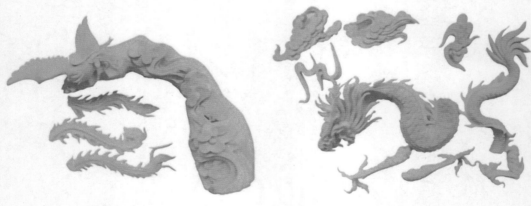

①雕刻凤和底座　　　　　　　　②雕刻龙的部件和点缀物

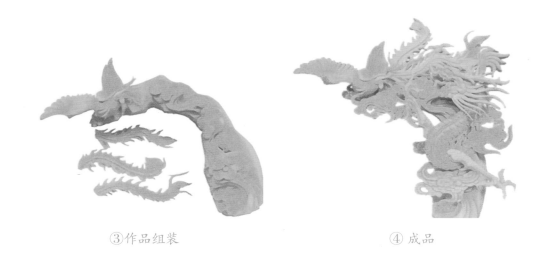

③作品组装 ④ 成品

任务1：借助网络或图书的支持，结合我们上课所学知识，与烹饪美术课融合，以小组为单位运用素描的表现形式，设计一款以寿宴为主题的雕刻作品。作业呈交方式：素描纸绘图。

任务2：整理笔记。

课后任务

任务1：借助网络、图书等手段或请教从业人员，查找出食品雕刻作品的保存方法。

任务2：借助网络、图书等手段或到酒店实地考察，查找出食品雕刻在烹饪运用中的实例图片。

任务目的：通过完成任务，让学生初步掌握食品雕刻原料的保存方法，了解食品雕刻的运用实例，为下节课的学习和实践打好基础。

任务要求：上交PPT。

任务5 掌握食品雕刻作品的保存方法、了解食品雕刻运用实例

1. 知识目标：能口述食品雕刻在烹饪中的运用范围。

2. 技能目标：掌握食品雕刻的保存方法。

3. 能力目标：培养学生的多媒体使用能力、观察能力和信息资料收集能力。

教学用具

黑板、电教设备等。

实施教学

【活动1】上节课作业讲评

建议教法：师生共评，多媒体辅助教学法。

活动设计：1. 展示学生绘制的作品，让学生进行说明和评价。

2. 教师借助多媒体课件或主题雕刻的设计实物，对学生完成的作品进行讲评。

3. 对完成好的同学进行口头表扬和平时加分。

活动目标：1. 让学生在评价中培养其审美能力、专业素养和表达水平。

2. 让学生清楚素描对食品雕刻学习不可缺少的作用。

3. 通过加平时分，激发同学们的学习积极性。

【活动2】课前作业任务汇报

引　　语：通过课前作业，同学们已经对食品雕刻半成品和成品的保存方法以及食品雕刻作品在生活中的运用有了初步的认识，并按要求通过PPT的方式向老师呈交了自己的预习成果，下面让我们以热烈的掌声有请小组代表上台展示他们的成果吧。

建议教法：学生展示法，多媒体辅助教学法。

活动设计：各小组派代表展示收集到的食品雕刻半成品和成品的保存方法，以及食品雕刻作品的运用实例图片，根据收集到的图片进行说明。

活动目标：1. 让学生初步认识食品雕刻的保存方法和食品雕刻在烹饪中的运用。

2. 培养学生团队合作能力、多媒体使用能力、观察能力和信息资料收集能力。

3. 通过图片说明，培养学生的表达、概括能力。

【活动3】教师点评学生完成课前作业任务情况

建议教法：多媒体辅助教学，讲述法。

活动设计：教师依据学生的课前作业，进行整合，把完成较好的作业内容，制作成多媒体课件进行展示并进行讲述。

活动目标：1. 通过讲评，让同学们全面了解各个小组完成的情况。

2. 表扬做得好的小组，并给予平时加分，进行激励。

【活动4】教师讲述食品雕刻作品的保存方法

建议教法：讲解、多媒体辅助教学、实验教学法。

活动设计：1. 通过多媒体，展示食品雕刻作品保存方法的文字材料和图例，图文并茂进行解读。

2. 进入实验室，运用实验法，现场进行食品雕刻的保存演示。

引　　语：食品雕刻作品能给人以美的享受，但由于雕刻作品采用的原料容易变质腐烂，从而决定了其的艺术生命非常短暂。为了适当延长其"艺术生命"，避免浪费，掌握一些食品雕刻作品的保存方法非常必要。

一、半成品保存法

将雕刻半成品用湿布包好，防止水分蒸发，或用保鲜袋（膜）包好，放入冰箱冷藏保存。忌将半成品放入水中浸泡，否则，雕刻用料会因为充分吸收水分变得特别的脆，再次下刀时容易出现胀裂，影响雕品的质量。

二、成品保存法

1. 保鲜膜包裹低温保存法

雕刻成品容易变质腐烂，根本原因跟温度有关，温度太低容易冻坏，温度太高又容易腐烂。所以，要延长其存放的时间，选择适当的温度非常重要。保存雕刻成品的温度一般控制在1℃～2℃左右较为合适，为取得更佳的保存效果，先用保鲜膜包裹后再放入冰箱保鲜。

2. 水浸低温保存法

在雕刻过程中，手和刀具一直都在和作品接触，作品免不了会有一些斑迹并残留一些碎料。另外，长时间雕刻容易使作品失去一些水分，干瘪的作品会失去光泽，而且容易变形，达不到预期的效果。这时，如果将作品放入清水浸泡，会使作品更加坚挺，同时也能漂去作品中残留的碎料，使作品的刀纹更加清晰。但有些原料水分过多后容易变形或变质，因此，用水浸泡的时间要根据具体原料品种而定。特别是使用心里美萝卜雕刻的作品不宜使用此法，浸泡会使作品褪色。

3. 明矾水浸保存法

把雕刻作品放入浓度为1%的明矾水溶液中浸泡，可以防止干瘪、延长寿命，此法比低温水浸保存法保存作品的时间会长些。但是，如果明矾水出现浑浊现象，要及时更换明矾水溶液，否则，作品很快会腐烂。在保存中不能沾上油渍，否则很容易腐烂。如果浸泡的同时放入冰箱冷藏，效果会更好。

4. 保湿保存法

即用喷水壶经常往雕品上喷水，保持雕品湿润，从而起到保鲜的作用。此法方便快捷，一般在展台上为了保持作品的卖相而常用该保存方法。

5. 隔绝空气保存法

即把雕刻好的作品放入清水中稍微浸泡一下，然后再用保鲜膜或湿布将其裹好，以免失去水分，然后放入温度为1℃～2℃的冰箱内保存。这个方法在实际运用中最常用，保存时间最长，效果也最佳，因为其能较久保持雕品的新鲜度和鲜艳色彩。另外，在雕品表面喷上一层明胶溶液，冷凝后可使雕品与空气隔绝，也可较长时间保存，此法适合大型展台上雕刻作品的保存。

6. 固色保存法

即将雕刻作品放入浓度为2%的柠檬酸或白醋溶液中浸泡，使一些富含淀粉的作品不易变色。这种方法适用于保存芋头和番薯类原料雕成的作品。

【活动5】教师讲述食品雕刻运用实例

建议教法：讲述法，运用多媒体课件辅助教学。

活动设计：多媒体展示与主题相关的图片，图文并茂进行课文讲述。

教学目标：让学生理性和感性认识食品雕刻在烹饪中的运用，激发学生的学习兴趣。

引　　语：随着社会的日益发展，食品雕刻的应用范围也越来越广。食品雕刻不仅在菜肴制作上起点缀装饰作用，而且在其他的方面也得到了广泛的运用，现在的一些大型宴会、酒会，都把大型的食品雕刻融入其中，与菜肴相互映衬，营造气氛。特别是现在美食庆典、交流活动较为频繁，一些城市商家、企业为造声势、打品牌，经常举办各种形式的美食活动，在这些活动当中，一般都要制作一些宣传自我形象的美食展台，其中自然少不了制作一组或几组代表主题的大型食品雕刻。这些大型食雕作品，与周围的经典美食相互呼应，形成一个整体，烘托了整个台面的气氛，显示了其独特的艺术魅力。食品雕刻运用比较灵活，但要特别注明场合、性质以及来宾的风俗习惯等，这样才能运用得更加完美。

一、食品雕刻作品在菜肴中的运用

合理运用各种基本雕刻技巧，根据菜肴的内容和具体要求，来决定雕刻作品的形态和使用方法。

1. 食品雕刻在凉菜上运用

一般是将雕刻的部分部件配以凉菜的原料，组成一个完整的造型。如"蝶恋戏花"，是把广式红肠、黄蛋糕、盐水胡萝卜均切成长3厘米厚0.2厘米的雨滴形，由外向内拼摆蝴蝶的翅膀。最后将糖醋黄瓜切片，用于两对翅膀的收边。选用白灼海虾两只，去头尾，拼摆做蝴蝶的身体。将早餐肠切片，排叠出蝴蝶的两对小翅膀。用糖醋黄瓜皮刻画出蝴蝶的眼睛、胡须、飘羽，最后用盐水胡萝卜榄拼摆出花型。这组食品雕刻冷菜作品用荤素原料搭配拼装而成，雕刻作品与菜肴原料浑然一体。

2. 食品雕刻在热菜上的运用

要将食品雕刻作品运用在热菜中，则要从菜肴的寓意、文化、谐音、形状等几方面来考虑。如油泡虾球这道热菜，配以用芦笋、节瓜皮和西芹雕刻成的枝叶，经过搭配，则成了具有高雅富贵的"百花伴明珠"；再如，把椰肉炖文昌鸡这道汤菜，盛装到用椰子肉雕刻的盅中，并用南瓜雕刻成的椰子树装扮点缀，会诠释出椰风海韵的地方饮食文化特色；再如滑炒鱼线这道菜，配上马跃龙门的食品雕品，取名"马跃龙门"，寓意飞黄腾达、升官发财之事。大家看看下面这一作品是用什么原材料做的，它有什么寓意？

二、食品雕刻作品在主题宴席或展台中的组合运用

1. "祝寿宴"

可以用"老寿星""布袋献福""松鹤长春"等作为台面主题雕品。

"老寿星"作品寓意：在古代中国的星宿说中，寿星别称南极老人星，故寿星瑞图也叫"南极老人"、"南极仙翁"或"南极寿星"，寓意健康长寿。

布袋献福　　　　　　　　　　　　　　老寿星

"布袋献福"作品寓意：佛教人物中，布袋和尚即弥勒佛，其笑口常开、大肚能容是中国人乐观精神的生动体现，同时也是佛教慈悲、宽容、乐观、向善、平等等精神的形象化。搭配蝙蝠，是因"蝠"与"福"谐音，人们以蝠表示福气，有福禄寿喜等祥瑞之意。

　　"松鹤长春"作品寓意：松树与鹤俱为常见之物，但是在古人的观念里，则各具神异禀赋。松，称"百木之长"，长青不朽，在道教神话中，松是不死的象征。鹤，在道教神话中被视为出世之物，引入神仙世界，并被赋予高洁、清雅的象征，松、鹤两个仙物合在一起，有高洁、长寿之意。在民间，"松鹤长春"是大家喜闻乐见的吉祥图案之一。

2. "庆功宴"

　　刻制"大鹏展翅""骏马奔腾"，象征各项事业兴旺和发达，也可以用以升学，象征学海无涯，前程似锦等。

骏马奔腾

3. "喜庆宴"

　　以刻制"百鸟朝凤"为例。

　　朝：朝见；凤：凤凰，古代传说中的鸟王。旧时喻指君主圣明而天下依附，后也比喻德高望重者众望所归。

　　此造型以凤凰为主拼，以三种鸟作围碟，宛如一幅形神兼备、形象灵动的百鸟图画卷，给人以和美欢乐之感，一幅引人入胜的画面就映入眼帘。

百鸟朝凤

任务1：各取一块去了皮的南瓜和胡萝卜，分别用保鲜膜包好放入冰箱冷藏保存一个星期。要求每天观察原料的变化并写观察报告，最后要对出现的不同现象给出自己的解决建议，努力做到保存效果最佳。

任务2：借助网络、图书或请教从业人员，查找出食品雕刻在冷盘和热菜中的运用图例。作业呈交方式：上交PPT。

任务3：整理笔记。

课后任务

任务1：训练切、削、刻等食品雕刻刀法，和横刀手法、纵刀手法，为下节课学习食物雕刻四角花打好基础。

任务2：收集四角花的图例，掌握四角花的比例特征。

　　途　　径：互联网、图书等。

　　呈交方式：制作PPT，发到老师的邮箱。

　　要　　求：小组完成。

单元 2

花卉雕刻

任务6　雕刻四角花

教学目标

1. **知识目标**：能复述四角花雕刻手法及步骤。

2. **技能目标**：学生初步掌握四角花的雕刻方法。

3. **能力目标**：以实操为基础，理论与实践相结合，通过电教手段、学生动手习作及教师点评等激发学生的学习兴趣和求知欲，对学生进行理论联系实际的学法指导；培养学生严谨、细致、富于创造的精神。通过观察、实践操作，培养学生的应用能力，提高学生的审美、观察与创新的能力。

教学用具

砧板、雕刻刀、胡萝卜、木刻刀、电教设备等

实施教学

【活动1】让学生汇报课前的作业任务

引　　语：通过课前的作业任务，同学们对四角花的外形、特点、比例都有了初步的认知，并通过PPT的方式向老师呈交了自己的成果，下面让我们以热烈的掌声有请小组代表上台展示他们的成果吧。

建议教法：学生展示法，多媒体辅助教学法。

活动设计：1. 让各小组派代表展示查找到的四角花的图片，并说明其比例特征。培养学生的多媒体使用能力、想象力、观察能力和信息资料收集能力。

　　　　　2. 学生投票选出具有代表性的图片和表达四角花特征最到位的一组，通过展示和描述四角花的特征，培养学生的表达能力。

【活动2】教师点评学生课前作业汇报情况

建议教法：讲述、展示，运用多媒体辅助教学。

活动设计：教师通过展示课前准备的多媒体课件，结合学生小组代表的展示和说明，进行点评和讲解。

活动目标：1.肯定学生的劳动成果，激发学生的学习兴趣。

2.让学生准确认识四角花的特征。

【活动3】教师示范四角花的画法，与学生画的进行对比

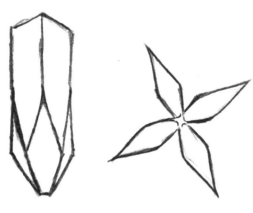

1.教师展示四角花的画法，讲解四角花特征：四角花底部为锥型、花瓣为菱形，共四片花瓣。

2.学生认真观察老师的绘画，并记录四角花的特点，培养观察能力和审美能力。

3.学生练习四角花的绘画，从绘图过程中了解四角花的特征，培养动手能力。

4.教师观察和指导学生绘画，基本掌握后进行下一步的教学。

【活动4】教师理论讲解四角花的雕刻方法

1.原料和刀具：雕刻四角花，宜选用质地结实、体积较大的瓜果、根茎原料，如南瓜、胡萝卜。

2.雕刻刀法和手法：雕刻四角花常用的手法有横刀手法、常用刀法有刻等。

步骤1：粗坯修整

将胡萝卜修成底面为正方形的长方体。注意：长方体的棱角要修得清晰。

步骤2：修整四角花大形

用主刀以横刀手法在四个棱角上斜下刀修出四角花大形。注意：下刀时力度要均匀，去料要平整。

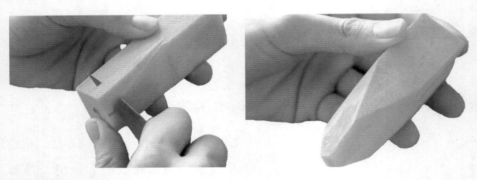

步骤3：雕刻花瓣

用横刀手法沿着花瓣大形刻出上薄下厚的花瓣。注意：雕刻时左手握紧原料，右手拇指要顶住原料底部以免脱落。

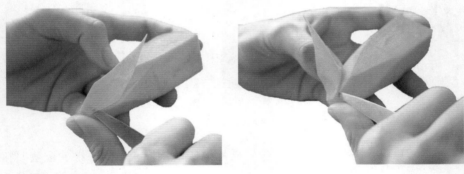

步骤4：取出四角花

刻到第四片花瓣末端时，刀竖起走刀，用刀尖轻轻旋转取出花朵即可。注意：如果花朵取不出，需再次下刀。

【活动5】教师示范，学生分组进行实物雕刻训练

建议教法：小组合作训练与教师个别指导相结合。

活动设计：1.将同学们分成四组，以小组合作形式进行雕刻训练。通过分组演练，让学生在相互学习中，初步掌握四角花的雕刻方法。

2.教师边示范、边提醒学生雕刻中的技术难点和注意事项。过程中培养学生良好的学习习惯和卫生、纪律习惯。

3.教师分别指导学生训练，指导学生解决问题。

4.学生分别训练，对不理解的难点及时提问。

【活动6】师生互动，作品评赏

建议教法：师生互评法、评分法。

活动设计：1.学生互相评价作品。

2.教师按下面的评分表对学生的作品进行打分，在互评中提高学生对作品的鉴赏能力和口头表达能力。

3.教师总结学生存在的问题和解决的方法。

4.学生认真听取老师的点评，明确自己存在和解决问题的方法。

雕刻四角花评分表

考核项目	评分细则	分值	得分
雕刻四角花	造型独特、动态逼真	30	
	结构合理、比例正确、协调	30	
	刀工精细、线条流畅	20	
	卫生整洁	20	
总分		100	

温故知新

任务1：每天雕刻四角花30朵。

任务2：整理笔记，牢记四角花特征，绘制5张四角花的图。

1.作业任务：收集荷花的图例，掌握荷花的特征。

2.途　　径：互联网、图书、花卉市场等。

3.呈交方式：PPT格式，发到老师的邮箱。

4.要　　求：小组完成。

5.建　　议：与计算机任课教师合作，对学生进行计算机应用指导。.

任务7　雕刻荷花

教学目标

1. 知识目标：能复述荷花雕刻手法及步骤。

2. 技能目标：学生初步掌握荷花的雕刻方法。

3. 能力目标：以实操为基础，理论与实践相结合，通过电教手段、学生动手习作及教师点评等激发学生的学习兴趣和求知欲，对学生进行理论联系实际的学法指导；培养学生严谨、细致、富于创造的精神。

教学用具

砧板、雕刻刀、胡萝卜、木刻刀、电教设备等

实施教学

教师任务

1. 认真检查学生们发来的作业。

2. 筛选部分完成得比较好的作业，进行整合，做成PPT课件，为教学做好前期准备。

【活动1】让学生汇报课前的作业任务

引　　语：通过课前的作业任务，同学们对荷花的外形、特点都有了初步的认知，并通过PPT的方式向老师呈交了自己的成果，下面让我们以热烈的掌声有请小组代表上台展示他们的成果吧。

建议教法：学生展示法，多媒体辅助教学法。

活动设计：1. 让各小组派代表展示查找到的荷花的图片，并说明其比例特征。培养学生的多媒体使用能力、想象力、观察能力和信息资料收集能力。

　　　　　2. 学生投票选出具有代表性的图片和表达荷花特征最到位的一组，通过展示和描述荷花的特征，培养学生的表达能力。

【活动2】教师点评学生课前作业汇报情况

建议教法：讲述、展示。运用多媒体辅助教学。

活动设计：教师通过展示课前准备的多媒体课件，结合学生小组代表的展示和说明，
进行点评和讲解。

活动目标：1.肯定学生的劳动成果，激发学生的学习兴趣。

2.让学生准确认识荷花的特点。

【活动3】教师示范荷花的画法，与学生画的进行对比

1. 教师展示荷花的画法，讲解荷花的特征：花瓣长而尖，呈橄榄形。花瓣共两层。

2. 学生认真观察老师的绘画，并记录荷花的特点，培养观察能力和审美能力。

3. 学生练习荷花的绘画，从绘图过程中了解荷花的特征，培养动手能力。

4. 教师观察和指导学生绘画，基本掌握后进行下一步的教学。

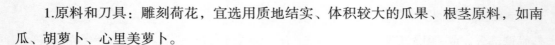

【活动4】教师理论讲解荷花的雕刻方法

1.原料和刀具：雕刻荷花，宜选用质地结实、体积较大的瓜果、根茎原料，如南瓜、胡萝卜、心里美萝卜。

2.雕刻刀法和手法：雕刻荷花常用横刀手法、执笔手法；常用刀法有刻、戳等。

步骤1：粗坯修整

取心里美萝卜一个。用主刀片出高约5厘米的坯料，再用水溶性铅笔画出等边五菱形，并从下往上去除废料。注意：去废料时下刀力度要均匀。

步骤2：雕刻花瓣

用水溶性铅笔画出花瓣大形，再用主刀以横刀手法刻出花瓣。注意：花瓣顶尖部定在整个花瓣中间。刻花瓣时要上薄下厚，走刀力度均匀。

步骤3：雕刻第一层花瓣

刻出第一层花瓣后，用主刀在每两片花瓣中间去除废料修出第二层花瓣的大形。注意：去废料时要从下往上走刀。

步骤4：雕刻第二层花瓣

依照第一层花瓣的刻法雕刻出第二层花瓣。注意：走刀时力度要均匀。

①   ②

③

步骤5：雕刻花心大形

用主刀以执笔刀法旋出花心大形。注意：尽量旋圆大形，去料干净利落。

步骤6：雕刻花蕊

用V形木刻刀戳出一圈花蕊，再用U形戳刀戳出花心大形。注意：戳花蕊时要上薄下厚。

步骤7：雕刻花心

用U形戳刀戳空花心，再取青萝卜用U形戳刀戳出莲子待用。注意：戳出的莲子的高度要和花心戳出的圆孔一致。

 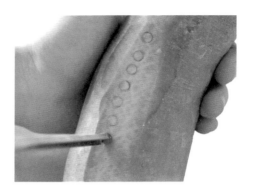

步骤8：组装作品

将青萝卜戳出的莲子粘贴在花心即可。

【活动5】教师示范，学生分组进行实物雕刻训练

建议教法：小组合作训练与教师个别指导相结合。

活动设计：1. 将同学们分成四组，以小组合作形式进行雕刻训练。通过分组演练，让学生在相互学习中，初步掌握荷花的雕刻方法。

2. 教师边示范、边提醒学生雕刻中的技术难点和注意事项。过程中培养学生良好的学习习惯和卫生、纪律习惯。

3. 教师分别指导学生训练，指导学生解决问题。

4. 学生分别训练，对不理解的难点及时提问。让学生直观地认识荷花的雕刻方法，记忆荷花的雕刻过程，掌握手法、刀法的运用技巧。

【活动6】师生互动，作品评赏

建议教法：师生互评法、评分法。

活动设计：1. 学生互相评价作品。

2. 教师按下面的评分表对学生的作品进行打分，在互评中提高学生对作品的鉴赏能力和口头表达能力。

3. 教师总结学生存在的问题和解决问题的方法。

4. 学生认真听取老师的点评，明确自己存在和解决问题的方法。

雕刻荷花评分表

考核项目	评分细则	分值	得分
雕刻荷花	造型独特、动态逼真	30	
	结构合理、比例正确、协调	30	
	刀工精细、线条流畅	20	
	卫生整洁	20	
总分		100	

温故知新

任务1：每天雕刻荷花3朵。

任务2：整理笔记，牢记荷花的特征，绘制5张荷花的图。

课后任务

1. 作业任务：收集月季花的图例，掌握月季花的比例特征。

2. 途　　径：互联网、图书、花卉市场等。

3. 呈交方式：PPT格式，发到老师的邮箱。

4. 要　　求：小组完成。

5. 建　　议：与计算机任课教师合作，对学生进行计算机应用指导。

任务8　雕刻月季花

1. 知识目标：能复述月季花雕刻手法及步骤。

2. 技能目标：学生初步掌握月季花的雕刻方法。

3. 能力目标：以实操为基础，理论与实践相结合，通过电教手段、学生动手习作及教师点评等激发学生的学习兴趣和求知欲，对学生进行理论联系实际的学法指导；培养学生严谨、细致、富于创造的精神。

教学用具

砧板、雕刻刀、胡萝卜、木刻刀、电教设备等

实施教学

教师任务

1. 认真检查学生们发来的作业。

2. 筛选部分完成得比较好的作业，进行整合，做成PPT课件，为教学做好前期准备。

【活动1】让学生汇报课前的作业任务

引　　语：通过课前的作业任务，同学们对月季花的外形、特点都有了初步的认知，并通过PPT的方式向老师呈交了自己的成果，下面让我们以热烈的掌声有请小组代表上台展示他们的成果吧。

建议教法：学生展示法，多媒体辅助教学法。

活动设计：1. 让各小组派代表展示学生查找到月季花的图片，并说明其比例特征。培养学生的多媒体使用能力、想象力、观察能力和信息资料收集能力。

　　　　　2. 学生投票选出具有代表性的图片和表达月季花特征最到位的一组，通过展示和描述月季花的特征，培养学生的表达能力。

【活动2】教师点评学生课前作业汇报情况

建议教法：讲述、展示。运用多媒体辅助教学。

活动设计：教师通过展示课前准备的多媒体课件，结合学生小组代表的展示和说明，进行点评和讲解。

活动目标：1. 肯定学生的劳动成果，激发学生的学习兴趣。

2. 让学生准确认识月季花的特点。

【活动3】教师示范月季花的画法，与学生画的进行对比

1. 教师展示月季花的画法，讲解月季花的特征：花瓣宽而尖。花瓣2层，每层5瓣。花心4至5层，每层4瓣。

2. 学生认真观察老师的绘画，并记录月季花的特点，培养观察能力和审美能力。

3. 学生练习月季花的绘画，从绘图过程中了解月季花的特征，培养动手能力。

4. 教师观察和指导学生绘画，基本掌握后进行下一步的教学。

【活动4】教师理论讲解月季花的雕刻方法

1. 原料和刀具：雕刻月季花，宜选用质地结实、体积较大的瓜果、根茎原料，如南瓜、胡萝卜、心里美萝卜。

2. 雕刻刀法和手法：雕刻荷花常用横刀手法、执笔手法；常用刀法有刻、旋等。

步骤1：粗坯修整

取心里美萝卜1个。用主刀片出高约3厘米的坯料，再用水溶性铅笔画出等边五菱形，斜刀从下往上去除废料。注意：下刀时力度要均匀。

步骤2：修整花瓣

用主刀旋刀法刻出花瓣的形状。注意：花瓣尖要修在整个花瓣的中间处。

步骤3：雕刻第一层花瓣

用横刀手法依次刻出五瓣花瓣。刻到最后一瓣时，要用刀的前端雕刻，以免伤到花瓣。注意：雕花瓣时要上薄下厚。

步骤4：雕刻第二层花瓣大形

用主刀在两片花瓣间隔处从下往上下刀，雕刻出五菱形。注意：去除废料时，尽量每刀大小一致，呈现等边五菱形。

步骤5：雕刻第二层花瓣

以横刀手法刻出第二层花瓣，走刀时要上薄下厚。注意：下刀时力度要均匀，用刀的前端雕刻，避免伤到上一片花瓣。

步骤6：雕刻第三层花瓣

用主刀以执笔手法去除花瓣废料并刻出花瓣。注意：花瓣大形呈半弧形。

步骤7：雕刻第四层花瓣

按照第一片花瓣的刻法依次刻出四瓣花瓣。注意：花瓣要上薄下厚，走刀时干脆利落。花心部分每层刻四瓣花瓣。

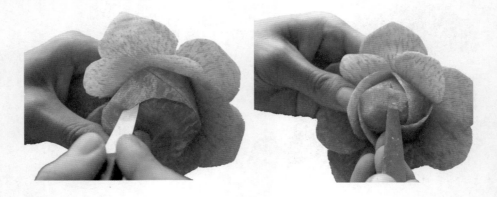

依照第三层花瓣的雕刻方法刻出第四第五层花瓣即可。注意：越往里层刻时，刀的角度要越放低。

【活动5】教师示范，学生分组进行实物雕刻训练

建议教法：小组合作训练与教师个别指导相结合。

活动设计：1. 将同学们分成四组，以小组合作形式进行雕刻训练。通过分组演练，让学生在相互学习中，初步掌握月季花的雕刻方法。

2. 教师边示范、边提醒学生雕刻中的技术难点和注意事项。过程中培养学生良好的学习习惯和卫生、纪律习惯。

3. 教师分别指导学生训练，指导学生解决问题。

4. 学生分别训练，对不理解的难点及时提问。让学生直观地认识月季花的雕刻方法，记忆月季花的雕刻过程，掌握手法、刀法的运用技巧。

【活动6】师生互动，作品评赏

建议教法：师生互评法、评分法。

活动设计：1. 学生互相评价作品。

2. 教师按下面的评分表对学生的作品进行打分，在互评中提高学生对作品的鉴赏能力和口头表达能力。

3. 教师总结学生存在的问题和解决问题的方法。

4. 学生认真听取老师的点评，明确自己存在和解决问题的方法。

雕刻月季花评分表

考核项目	评分细则	分值	得分
雕刻月季花	造型独特、动态逼真	30	
	结构合理、比例正确、协调	30	
	刀工精细、线条流畅	20	
	卫生整洁	20	
总分		100	

温故知新

任务1：每天雕刻月季花5朵。

任务2：整理笔记，牢记月季花的特征，绘制5张月季花的图。

课后任务

1. 作业任务：收集虾的图例，掌握虾的比例特征。

2. 途　　径：互联网、图书、海鲜市场等。

3. 呈交方式：PPT格式，发到老师的邮箱。

4. 要　　求：小组完成。

5. 建　　议：与计算机任课教师合作，对学生进行计算机应用指导。

单元 3
鱼虾类雕刻

任务9　雕刻海虾

1. 知识目标：能复述海虾雕刻手法及步骤。

2. 技能目标：学生初步掌握海虾的雕刻方法。

3. 能力目标：以实操为基础，理论与实践相结合，通过电教手段、学生动手习作及教师点评等激发学生的学习兴趣和求知欲，对学生进行理论联系实际的学法指导，培养学生严谨、细致、富于创造的精神。

教学用具

砧板、雕刻刀、胡萝卜、木刻刀、电教设备等

实施教学

教师任务

1. 认真检查学生们发来的作业。

2. 筛选部分完成得比较好的作业，进行整合，做成PPT课件，为教学做好前期准备。

【活动1】让学生汇报课前的作业任务

引　　语：通过课前的作业任务，同学们对海虾的外形、特点都有了初步的认知，并通过PPT的方式向老师呈交了自己的成果，下面让我们以热烈的掌声有请小组代表上台展示他们的成果吧。

建议教法：学生展示法，多媒体辅助教学法。

活动设计：1. 让各小组派代表展示学生查找到虾的图片，并说明其身体比例特征。培养学生的多媒体使用能力、想象力、观察能力和信息资料收集能力。

　　　　　2. 学生投票选出具有代表性的图片和表达虾特征最到位的一组，通过展示和描述虾的特征，培养学生的表达能力。

【活动2】教师点评学生课前作业汇报情况

建议教法：讲述、展示。运用多媒体辅助教学。

活动设计：教师通过展示课前准备的多媒体课件，结合学生小组代表的展示和说明，
  进行点评和讲解。

活动目标：1.肯定学生的劳动成果，激发学生的学习兴趣。

  2.让学生准确认识海虾的特点。

【活动3】教师示范海虾的画法，与学生画的进行对比

1.教师展示海虾的画法，讲解海虾的特征：虾的头与身体的比为1∶1.2；虾的眼
呈水滴形、嘴呈竹叶形、虾枪呈锯齿形。

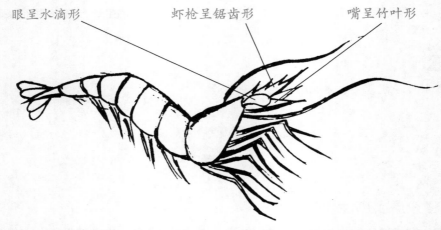

眼呈水滴形　　　　虾枪呈锯齿形　　　　嘴呈竹叶形

2.学生认真观察老师的绘画，并记录海虾的特点，培养观察能力和审美能力。

3.学生练习海虾的绘画，从绘图过程中了解海虾的特征，培养动手能力。

4.教师观察和指导学生绘画，基本掌握后进行下一步的教学。

【活动4】教师理论讲解海虾的雕刻方法

1. 原料和刀具：雕刻虾，宜选用质地结实、体积较大的瓜果、根茎原料，如南
瓜、胡萝卜等。

2. 雕刻刀法和手法：雕刻虾常用横刀手法、执笔手法；常用刀法有刻、戳等。

步骤1：粗坯修整

用主刀修出面为等腰梯形的长方体，用水溶性铅笔在侧面画出原始大形，注意：
要按照比例描出大形。

 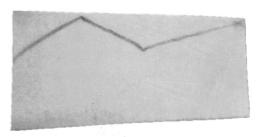

步骤2：雕刻虾枪与尾部

用执笔刀法按照扇形刻出虾的尾部并削薄，再按照锯齿的形状刻出虾枪。注意：去虾枪废料时，只去占虾头1/2的废料。

步骤3：雕刻头部

用水溶性铅笔画出虾的头壳、眼睛、嘴巴，并用执笔手法雕刻。注意：去除头壳废料时要平刀，刻虾眼睛时要在虾枪底部下刀，眼睛要呈现水滴型。

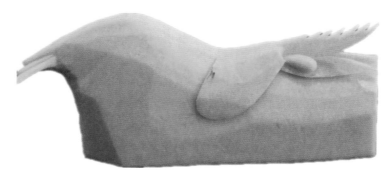

步骤4：雕刻身体

用水溶性铅笔画出虾身的六节虾壳并雕刻。注意：越往后雕刻，虾节的高度和宽度就越小。去除每节废料时要用平刀。

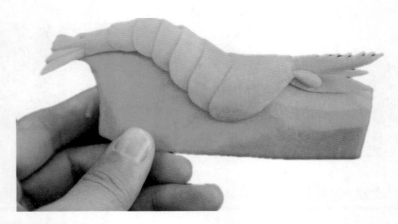

步骤5：雕刻虾腿

用雕刻刀沿着虾的前五节壳刻出虾的五双小腿，最后一节没有腿。把废料去空，再用木刻刀戳出虾的大腿。注意：戳的时候越往后走刀就越深，戳出一层后再用雕刻刀去除废料。依此类推刻出4到5层大腿。

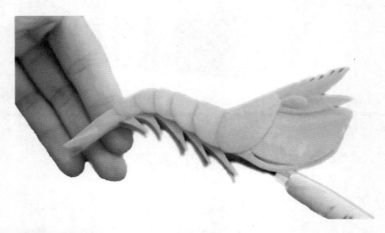

步骤6：雕刻虾须并组装

取一片南瓜刻出虾须，雕刻时要让虾须呈现出飘逸的动态感。注意：虾须上尖而薄、下宽而厚。最后用胶水将虾须粘在嘴巴与大腿中间即可。

【活动5】教师示范，学生分组进行实物雕刻训练

建议教法：小组合作训练与教师个别指导相结合。

活动设计：1.将同学们分成四组，以小组合作形式进行雕刻训练。通过分组演练，让学生在相互学习中，初步掌握海虾的雕刻方法。

2.教师边示范、边提醒学生雕刻中的技术难点和注意事项。过程中培养学生良好的学习习惯和卫生、纪律习惯。

3.教师分别指导学生训练，指导学生解决问题。

4.学生分别训练，对不理解的难点及时提问。让学生直观地认识海虾的雕刻方法，记忆海虾的雕刻过程，掌握手法、刀法的运用技巧。

【活动6】师生互动，作品评赏

建议教法：师生互评法、评分法。

活动设计：1.学生互相评价作品。

2.教师按下面的评分表对学生的作品进行打分，在互评中提高学生对作品的鉴赏能力和口头表达能力。

3.教师总结学生存在的问题和解决问题的方法。

4.学生认真听取老师的点评，明确自己存在和解决问题的方法。

雕刻海虾评分表

考核项目	评分细则	分值	得分
雕刻虾	造型独特、动态逼真	30	
	结构合理、比例正确、协调	30	
	刀工精细、线条流畅	20	
	卫生整洁	20	
总分		100	

温故知新

任务1：每天雕刻虾两只。

任务2：整理笔记，牢记虾的身体比例、特征，绘制5张虾的图。

课后任务

1. 作业任务：收集神仙鱼的图例，掌握神仙鱼的比例特征。

2. 途　　径：互联网、图书、观赏鱼市场等。

3. 呈交方式：PPT格式，发到老师的邮箱。

4. 要　　求：小组完成。

5. 建　　议：与计算机任课教师合作，对学生进行计算机应用指导。

任务10 雕刻神仙鱼

1. 知识目标：能复述神仙鱼雕刻手法及步骤。

2. 技能目标：学生初步掌握神仙鱼的雕刻方法。

3. 能力目标：以实操为基础，理论与实践相结合，通过电教手段、学生动手习作及教师点评等激发学生的学习兴趣和求知欲，对学生进行理论联系实际的学法指导，培养学生严谨、细致、富于创造的精神。

教学用具

砧板、雕刻刀、胡萝卜、木刻刀、电教设备等

实施教学

教师任务

1. 认真检查学生们发来的作业。

2. 筛选部分完成得比较好的作业，进行整合，做成PPT课件，为教学做好前期准备。

【活动1】让学生汇报课前的作业任务

引　　语：通过课前的作业任务，同学们对神仙鱼的外形、身体特点、身体比例等有了初步的认知，并通过PPT的方式向老师呈交了自己的成果，下面让我们以热烈的掌声有请小组代表上台展示他们的成果吧。

建议教法：学生展示法，多媒体辅助教学法。

活动设计：1. 让各小组派代表展示学生查找到的神仙鱼的图片，并说明其身体比例特征。肯定学生的劳动成果，激发学生的学习兴趣。

　　　　　2. 学生投票选出具有代表性的图片和表达神仙鱼特征最到位的一组，通过展示和描述神仙鱼的特征，培养学生的表达能力。

【活动2】教师点评学生课前作业汇报情况

建议教法：讲述、展示。运用多媒体辅助教学。

活动设计：教师通过展示课前准备的多媒体课件，结合学生小组代表的展示和说明，
　　　　　进行点评和讲解。

活动目标：1. 肯定学生的劳动成果，激发学生的学习兴趣。

　　　　　2. 让学生准确认识神仙鱼的特点。

【活动3】教师示范神仙鱼的画法，与学生画的进行对比

　　1. 教师展示神仙鱼的画法，讲解神仙鱼的特征：

　　　神仙鱼的身体比例：身体与尾巴的比例为1：1。

　　　神仙鱼的身体特征：身体呈椭圆形、嘴呈U形。

　　2.学生认真观察老师绘画，记录神仙鱼的特点，培
养观察力和审美力。

　　3.学生练习神仙鱼的绘画，从绘图过程中了解神仙
鱼的特征，培养动手能力。

　　4.教师观察和指导学生绘画，基本掌握后进行下一步的教学。

【活动4】教师理论讲解神仙鱼的雕刻方法

　　1.原料和刀具：雕刻神仙鱼，宜选用质地结实、体积较大的瓜果、根茎原料，如南
瓜、胡萝卜。

　　2.雕刻刀法和手法：雕刻神仙鱼常用横刀手法、执笔手法，及刻、戳等常用刀法。

步骤1：粗坯修整

用502胶水粘出鱼的粗坯，水溶性铅笔画出原始大形并刻出鱼的大形。注意：要按
照比例描出大形。

步骤2：雕刻神仙鱼头部和尾部

用雕刻刀把身体修圆刻出头部，尾巴用U形戳刀戳去尾部的废料使其更有动态。

注意：鱼头占身体的1/3，鱼嘴巴呈U形。

步骤3：雕刻鱼鳞

用主刀刻出鱼鳞，下刀时要从头部上下方开始走刀刻至尾部即可。

注意：鱼鳞要呈半圆形，直着下刀平着去料。

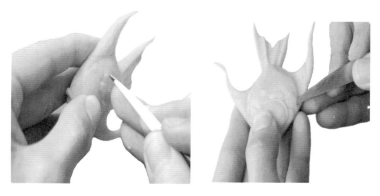

步骤4：雕刻尾巴和背鳍线条

用小号V形木刻刀戳出尾巴和背鳍的线条。注意：走刀时力度要均匀，戳时要呈放射线状。

步骤5：雕刻腹鳍和胡须

用主刀在原料上划出腹鳍的形状并用木刻刀在鱼鳍上戳出放射线条。用主刀划出鱼的胡须，刻到一半时一分为二并呈波浪形。注意：雕刻腹鳍时要尽量薄些，雕刻鱼须时要由粗到细，去料时要由薄到厚。

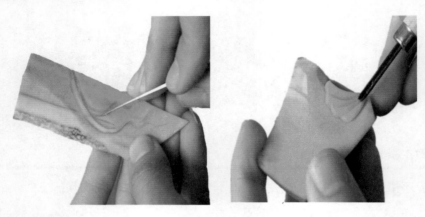

步骤6：组装

将刻好的背鳍用502胶水粘至鱼头下方，胡须粘至背鳍下方即可。

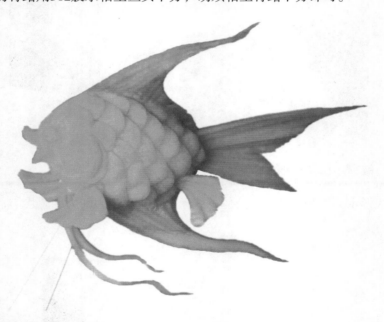

步骤7：雕刻珊瑚

取心里美萝卜切片粘成下图形状并刻出不规则形，再用U形戳刀戳出珊瑚的造型，最后刻出水草，用502胶水粘上即可。注意：粘料时前后两片要打开形成层次感，戳珊瑚时要深浅有度做到乱而有形。

步骤8：作品组合

把刻好的神仙鱼用胶水粘贴在珊瑚上即可。注意：粘贴时要注意作品的整体空间感，做到要左右分开，上下不重叠。

【活动5】教师示范，学生分组进行实物雕刻训练

建议教法：小组合作训练与教师个别指导相结合。

活动设计：1. 将同学们分成四组，以小组合作形式进行神仙鱼的雕刻训练。通过分组演练，让学生在相互学习中，初步掌握神仙鱼的雕刻方法。

2. 教师边示范、边提醒学生雕刻中的技术难点和注意事项。过程中培养学生良好的学习习惯和卫生、纪律习惯。

3. 教师分别指导学生训练，指导学生解决问题。

4.学生分别训练，对不理解的难点及时提问。让学生直观地认识神仙鱼的雕刻方法，记忆神仙鱼的雕刻过程，掌握手法、刀法的运用技巧。

【活动6】师生互动，作品评赏

建议教法：师生互评法、评分法。

活动设计：1.学生互相评价作品。

2.教师按下面的评分表对学生的作品进行打分，在互评中提高学生对作品的鉴赏能力和口头表达能力。

3.教师总结学生存在的问题和解决问题的方法。

4.学生认真听取老师的点评，明确自己存在和解决问题的方法。

雕刻神仙鱼评分表

考核项目	评分细则	分值	得分
雕刻神仙鱼	造型独特、动态逼真	30	
	结构合理、比例正确、协调	30	
	刀工精细、线条流畅	20	
	卫生整洁	20	
总分		100	

温故知新

任务1：每天雕刻神仙鱼两条。

任务2：整理笔记，牢记神仙鱼的身体比例、特征，绘制5张神仙鱼的图。

课前预习

1.作业任务：收集鲤鱼的图例，掌握鲤鱼的比例特征。

2.途　　径：互联网、图书、观赏鱼店等。

3.呈交方式：PPT格式，发到老师的邮箱。

4.要　　求：小组完成。

5.建　　议：与计算机任课教师合作，对学生进行计算机应用指导。

任务11 雕刻鲤鱼

1. 知识目标：能复述鲤鱼雕刻手法及步骤。

2. 技能目标：学生初步掌握鲤鱼的雕刻方法。

3. 能力目标：以实操为基础，理论与实践相结合，通过电教手段、学生动手习作及教师点评等激发学生的学习兴趣和求知欲，对学生进行理论联系实际的学法指导，培养学生严谨、细致、富于创造的精神。

教学用具

砧板、雕刻刀、胡萝卜、木刻刀、电教设备等

实施教学

教师任务

1. 认真检查学生们发来的作业。

2. 筛选部分完成得比较好的作业，进行整合，做成PPT课件，为教学做好前期准备。

【活动1】让学生汇报课前的作业任务

引　　语：通过课前的作业任务，同学们对鲤鱼的外形、身体特点、身体比例有了初步的认知，并通过PPT的方式向老师呈交了自己的成果，下面让我们以热烈的掌声有请小组代表上台展示他们的成果吧。

建议教法：学生展示法，多媒体辅助教学法。

活动设计：1. 让各小组派代表展示学生查找到鲤鱼的图片，并说明其身体比例特征。培养学生的多媒体使用能力、想象力、观察能力和信息资料收集能力。

2. 学生投票选出具有代表性的图片和表达鲤鱼特征最到位的一组，通过展示和描述鲤鱼的特征，培养学生的表达能力。

【活动2】教师点评学生课前作业汇报情况

建议教法：讲述、展示，运用多媒体辅助教学。

活动设计：教师通过展示课前准备的多媒体课件，结合学生小组代表的展示和说明，进行点评和讲解。

活动目标：1.肯定学生的劳动成果，激发学生的学习兴趣。

2.让学生准确认识鲤鱼的特点。

【活动3】教师示范鲤鱼的画法，与学生画的进行对比

1.教师展示鲤鱼的画法，讲解鲤鱼的特征：

鲤鱼的身体比例：头与身体的比为1：2，头与尾巴的比为1：1。

鲤鱼的身体特征：身体呈C形、尾巴呈燕尾形、嘴巴呈V形。

2.学生认真观察老师绘画，并记录鲤鱼的特点，培养观察能力和审美力。

3.学生练习鲤鱼的绘画，从绘图过程中了解鲤鱼的特征，培养动手能力。

4.教师观察和指导学生绘画，基本掌握后进行下一步的教学。

【活动4】教师理论讲解鲤鱼的雕刻方法

1.原料和刀具：雕刻鲤鱼，宜选用质地结实、体积较大的瓜果、根茎原料，如南瓜、胡萝卜。

2.雕刻刀法和手法：雕刻鲤鱼常用横刀手法、执笔手法；常用刀法有刻、戳等。

步骤1：粗坯修整

用502胶水粘出鱼的粗坯料，用水溶性铅笔在原料上画出原始大形。注意：要按照比例描出大形。

步骤2：雕刻鱼的嘴巴与头部

用刻刀修圆鱼的身体并刻出嘴巴与头部。注意：雕刻时鱼的嘴巴呈V形，头部占身体的1/3。

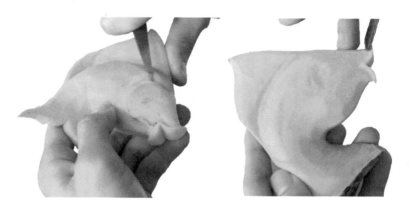

步骤3：雕刻身体

用执笔刀法雕刻鱼身体鳞片，下刀时须从头的上下两端起刀。注意：雕刻鱼鳞时要直着下刀，平着刀去除废料。

步骤4：雕刻背鳍与尾巴

用木刻刀戳出鱼背鳍与尾巴的纹理，再用勾刀勾出鱼鳞的纹理。注意：走刀时力度一定均匀。

步骤5：雕刻鲤鱼腹鳍与鱼须

用主刀划出腹鳍并用木刻刀戳出纹理，再用主刀划出鱼须，安在鱼嘴上方即可。注意：去除腹鳍时要由薄至厚，划鱼须要由粗至细。

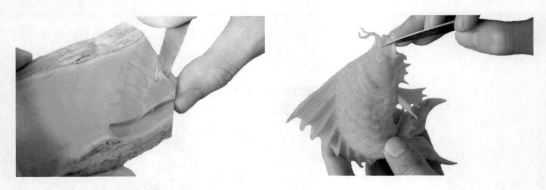

步骤6：雕刻底座水浪

先将水浪大形坯料粘贴好，用水溶性铅笔画出水浪大形并照着画好的形状去除多余废料。注意：粘料时底部要宽厚些，去废料时要凸显出浪的层次感。

步骤7：雕刻水浪纹理

用主刀把水浪修整圆滑并用U形戳刀戳出水浪的层次感，再用木刻刀戳出浪线。注意：浪头要尽量修圆滑，戳浪线时要一气呵成保持浪线的顺畅性。

步骤8：组装作品

将刻好的鲤鱼粘贴在水浪中间，再刻上几个小水浪安装在下方即可。注意：粘贴时要把鱼和水浪的粘贴面切平整以免脱落。注意鱼和水浪的布局。要大气、协调。

【活动5】教师示范，学生分组进行实物雕刻训练

建议教法：小组合作训练与教师个别指导相结合。

活动设计：1. 将同学们分成四组，以小组合作形式进行雕刻训练。通过分组演练，让学生在相互学习中，初步掌握鲤鱼的雕刻方法。

2. 教师边示范、边提醒学生雕刻中的技术难点和注意事项。过程中培养学生良好的学习习惯和卫生、纪律习惯。

3. 教师分别指导学生训练，指导学生解决问题。

4. 学生分别训练，对不理解的难点及时提问。让学生直观地认识鲤鱼的雕刻方法，记忆鲤鱼的雕刻过程，掌握手法、刀法的运用技巧。

【活动6】师生互动，作品评赏

建议教法：师生互评法、评分法。

活动设计：1. 学生互相评价作品。

2. 教师按下面的评分表对学生的作品进行打分，在互评中提高学生对作品的鉴赏能力和口头表达能力。

3. 教师总结学生存在的问题和解决问题的方法。

4. 学生认真听取老师的点评，明确自己存在和解决问题的方法。

雕刻鲤鱼评分表

考核项目	评分细则	分值	得分
雕刻鲤鱼	造型独特、动态逼真	30	
	结构合理、比例正确、协调	30	
	刀工精细、线条流畅	20	
	卫生整洁	20	
总分		100	

温故知新

任务1：每天雕刻鲤鱼两条。

任务2：整理笔记，牢记鲤鱼的身体比例、特征，绘制5张鲤鱼的图。

课前预习

1. 作业任务：收集喜鹊头部的图例，掌握喜鹊头部的比例特征。

2. 途　　径：互联网、图书、花鸟市场（实物鸟）等。

3. 呈交方式：PPT格式，发到老师的邮箱。

4. 要　　求：小组完成。

5. 建　　议：与计算机任课教师合作，对学生进行计算机应用指导。

单元 4
鸟兽类雕刻

任务12 雕刻喜鹊头部

1. 知识目标：能复述喜鹊头部雕刻手法及步骤。

2. 技能目标：学生初步掌握喜鹊头部的雕刻方法。

3. 能力目标：以实操为基础，理论与实践相结合，通过电教手段、学生动手习作及教师点评等激发学生的学习兴趣和求知欲，对学生进行理论联系实际的学法指导，培养学生严谨、细致、富于创造的精神。

教学用具

砧板、雕刻刀、胡萝卜、木刻刀、电教设备等

实施教学

教师任务

1. 认真检查学生们发来的作业。

2. 筛选部分完成得比较好的作业，进行整合，做成PPT课件，为教学做好前期准备。

【活动1】让学生汇报课前的作业任务

活动设计：1. 让各小组派代表展示学生查找到喜鹊头部的图片和特征，并说明其身体比例特征。培养学生的多媒体使用能力、想象力、观察能力和信息资料收集能力。

2. 学生投票选出具有代表性的图片和表达喜鹊头部特征最到位的一组，通过展示和描述喜鹊头部的特征，培养学生的表达能力。

【活动2】教师点评学生课前作业汇报情况

建议教法：讲述、展示。运用多媒体辅助教学。

活动设计：教师通过展示课前准备的多媒体课件，结合学生小组代表的展示和说明，

进行点评和讲解。

活动目标：1.肯定学生的劳动成果，激发学生的学习兴趣。

2.让学生准确认识喜鹊头部的特点。

【活动3】教师示范喜鹊头部的画法，与学生画的进行对比

1. 教师展示喜鹊头部的画法，讲解喜鹊头部的特征：嘴巴呈V形、下嘴比上嘴薄、眼线占上嘴1/2。

2. 学生认真观察老师的绘画，并记录喜鹊头部的特点，培养观察能力和审美能力。

3. 学生练习喜鹊头部的绘画，从绘图过程中了解喜鹊头部的特征，培养动手能力。

4. 教师观察和指导学生绘画，基本掌握后进行下一步的教学。

【活动4】教师理论讲解喜鹊头部的雕刻方法

1. 原料和刀具：雕刻喜鹊头部，宜选用质地结实、体积较大的瓜果、根茎原料，如南瓜、胡萝卜。

2. 雕刻刀法和手法：雕刻喜鹊头部常用的手法有横刀手法、执笔手法；常用刀法有刻、戳等。

步骤1：粗坯修整

取南瓜料一片，用水溶性铅笔描出喜鹊头部大形并用主刀去除多余废料。

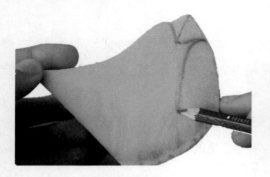

步骤2：雕刻喜鹊的嘴部

用主刀去除嘴巴的废料并用木刻刀戳出嘴角，然后用勾线刀勾出鼻孔位置。注意：雕刻嘴角时尽量戳得薄些，鼻孔位置占上嘴的1/3。

步骤3：雕刻眼睛

用执笔刀法划出眼线并刻出眼珠。注意：刻眼睛时眼珠要圆，前后废料去除得深些，让眼珠凸起。

步骤4：雕刻冠纹与腮纹

用勾线刀勾出头冠部与腮部的纹理，再用主刀去除废料。注意：走刀时力度一定要均匀。

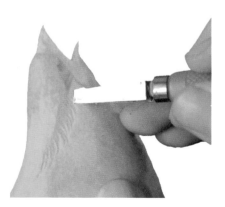

步骤5：雕刻头部羽毛

用主刀划出半圆形的羽毛并用戳刀戳空嘴巴多余废料。注意：雕刻羽毛时要直着下刀，平刀去除废料。羽毛要由小变大。

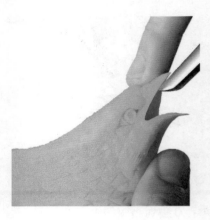

步骤6：组装作品

将刻好的鸟头安上仿真眼、贴上舌头即可。注意：安眼睛时要把眼珠子掏空，舌头细而尖，不宜过长。

【活动5】教师示范，学生分组进行实物雕刻训练

建议教法：小组合作训练与教师个别指导相结合。

活动设计：1. 将同学们分成四组，以小组合作形式进行雕刻训练。通过分组演练，让学生在相互学习中，初步掌握雕刻方法。

2. 教师边示范、边提醒学生雕刻中的技术难点和注意事项。过程中培养学生良好的学习习惯和卫生、纪律习惯。

3. 教师分别指导学生训练，指导学生解决问题。

4. 学生分别训练，对不理解的难点及时提问。让学生直观地认识喜鹊头部的雕刻方法，记忆喜鹊头部的雕刻过程，掌握手法、刀法的运用技巧。

【活动6】师生互动，作品评赏

建议教法：师生互评法、评分法。

活动设计：1. 学生互相评价作品。

2. 教师按下面的评分表对学生的作品进行打分，在互评中提高学生对作品的鉴赏能力和口头表达能力。

3. 教师总结学生存在的问题和解决的方法。

4. 学生认真听取老师的点评，明确自己存在和解决问题的方法。

雕刻喜鹊头部评分表

考核项目	评分细则	分值	得分
雕刻 喜鹊头部	造型独特、动态逼真	30	
	结构合理、比例正确、协调	30	
	刀工精细、线条流畅	20	
	卫生整洁	20	
总分		100	

温故知新

任务1：每天雕刻喜鹊头两只。

任务2：整理笔记，牢记喜鹊头部特征，绘制5张喜鹊头的图。

课后任务

1. 作业任务：收集喜鹊翅膀的图例，掌握喜鹊翅膀的比例特征。

2. 途　　径：互联网、图书、花鸟市场（实物鸟）等。

3. 呈交方式：PPT格式，发到老师的邮箱。

4. 要　　求：小组完成。

5. 建　　议：与计算机任课教师合作，对学生进行计算机应用指导。

任务13 雕刻喜鹊翅膀

1. 知识目标：能复述喜鹊翅膀雕刻手法及步骤。

2. 技能目标：学生初步掌握喜鹊翅膀的雕刻方法。

3. 能力目标：以实操为基础，理论与实践相结合，通过电教手段、学生动手习作及教师点评等激发学生的学习兴趣和求知欲，对学生进行理论联系实际的学法指导，培养学生严谨、细致、富于创造的精神。

教学用具

砧板、雕刻刀、胡萝卜、木刻刀、电教设备等

实施教学

教师任务

1. 认真检查学生们发来的作业。

2. 筛选部分完成得比较好的作业，进行整合，做成PPT课件，为教学做好前期准备。

【活动1】让学生汇报课前的作业任务

建议教法：学生展示法，多媒体辅助教学法。

活动设计：1. 让各小组派代表展示学生查找到喜鹊翅膀的图片，并说明其身体比例特征。培养学生的多媒体使用能力、想象力、观察能力和信息资料收集能力。

2. 学生投票选出具有代表性的图片和表达喜鹊翅膀特征最到位的一组，通过展示和描述喜鹊翅膀的特征，培养学生的表达能力。

【活动2】教师点评学生课前作业汇报情况

建议教法：讲述、展示，运用多媒体辅助教学。

活动设计：教师通过展示课前准备的多媒体课件，结合学生小组代表的展示和说明，进行点评和讲解。

活动目标：1. 肯定学生的劳动成果，激发学生的学习兴趣。

2. 让学生准确认识喜鹊翅膀的特点。

【活动3】教师示范喜鹊翅膀的画法，与学生画的进行对比

1. 教师展示喜鹊翅膀的画法，讲解喜鹊翅膀的特征。画复羽与飞羽时，由上至下画，短—长—短—长—短，呈"3"字形。

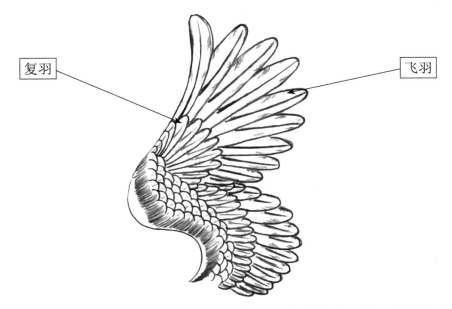

2. 学生认真观察老师的绘画，并记录喜鹊翅膀的特点，培养观察能力和审美能力。

3. 学生练习喜鹊翅膀的绘画，从绘图过程中了解喜鹊翅膀的特征，培养动手能力。

4. 教师观察和指导学生绘画，基本掌握后进行下一步的教学。

【活动4】教师理论讲解喜鹊翅膀的雕刻方法

1. 原料和刀具：雕刻喜鹊翅膀，宜选用质地结实、体积较大的瓜果、根茎原料，如南瓜、胡萝卜。

2. 雕刻刀法和手法：雕刻喜鹊翅膀常用横刀手法、执笔手法；常用刀法有刻、戳等。

步骤1：粗坯修整

取南瓜料一片，用水溶性铅笔描出喜鹊翅膀大形并用主刀去除多余废料如图。

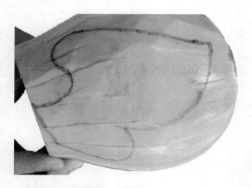

步骤2：雕刻肩羽鳞片

用V形勾线刀勾出翅膀绒毛并用主刀刻出鳞片。注意：雕刻鳞片时要直下刀，平刀去除废料。

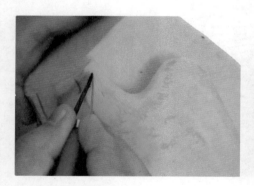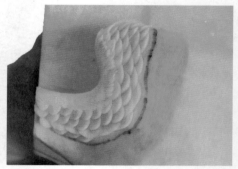

步骤3：雕刻复羽

用执笔刀法刻出复羽。下刀时由短—长—短—长—短依次刻出。注意：直下刀，平刀去废料。

步骤4：雕刻飞羽

刻出复羽后修平整，再用主刀刻出飞羽。注意，走刀时力度一定要均匀。

步骤5：雕刻羽毛纹理

用勾线刀勾出羽毛纹理并去薄飞羽。注意，下刀时要干脆利落。

步骤6：修整

用主刀去除多余废料，修整圆滑即可。

【活动5】教师示范，学生分组进行实物雕刻训练

建议教法：小组合作训练与教师个别指导相结合。

活动设计：1. 将同学们分成四组，以小组合作形式进行雕刻训练。通过分组演练，让学生在相互学习中，初步掌握喜鹊翅膀的雕刻方法。

2. 教师边示范、边提醒学生雕刻中的技术难点和注意事项。过程中培养学生良好的学习习惯和卫生、纪律习惯。

3. 教师分别指导学生训练，指导学生解决问题。

4. 学生分别训练，对不理解的难点及时提问。让学生直观地认识喜鹊翅膀的雕刻方法，记忆喜鹊翅膀的雕刻过程，掌握手法、刀法的运用技巧。

【活动6】师生互动，作品评赏

建议教法：师生互评法、评分法。

活动设计：1. 学生互相评价作品。

2. 教师按下面的评分表对学生的作品进行打分，在互评中提高学生对作品的鉴赏能力和口头表达能力。

3. 教师总结学生存在的问题和解决问题的方法。

4. 学生认真听取老师的点评，明确自己存在和解决问题的方法。

雕刻喜鹊翅膀评分表

考核项目	评分细则	分值	得分
雕刻 喜鹊翅膀	造型独特、动态逼真	30	
	结构合理、比例正确、协调	30	
	刀工精细、线条流畅	20	
	卫生整洁	20	
总分		100	

温故知新

任务1：每天雕刻喜鹊翅膀两只。

任务2：整理笔记，牢记喜鹊翅膀特征，绘制5张喜鹊翅膀的图画。

1. 作业任务：收集喜鹊腿部的图例，掌握喜鹊腿部的比例特征。

2. 途　　径：互联网、图书、花鸟市场（实物鸟）等。

3. 呈交方式：PPT格式，发到老师的邮箱。

4. 要　　求：小组完成。

5. 建　　议：与计算机任课教师合作，对学生进行计算机应用指导。

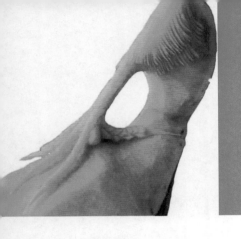

任务14　雕刻喜鹊腿部

1. 知识目标：能复述喜鹊腿部雕刻手法及步骤。

2. 技能目标：学生初步掌握喜鹊腿部的雕刻方法。

3. 能力目标：以实操为基础，理论与实践相结合，通过电教手段、学生动手习作及教师点评等激发学生的学习兴趣和求知欲，对学生进行理论联系实际的学法指导；培养学生严谨、细致、富于创造的精神。

教学用具

砧板、雕刻刀、胡萝卜、木刻刀、电教设备等

实施教学

教师任务

1. 认真检查学生们发来的作业。

2. 筛选部分完成得比较好的作业，进行整合，做成PPT课件，为教学做好前期准备。

【活动1】让学生汇报课前的作业任务

建议教法：学生展示法，多媒体辅助教学法。

活动设计：1. 让各小组派代表展示学生查找到的喜鹊腿部的图片，并说明其特征。培养学生的多媒体使用能力、想象力、观察能力和信息资料收集能力。

2. 学生投票选出具有代表性的图片和表达喜鹊腿部特征最到位的一组，通过展示和描述喜鹊腿部的特征，培养学生的表达能力。

【活动2】教师点评学生课前作业汇报情况

建议教法：讲述、展示。运用多媒体辅助教学。

活动设计：教师通过展示课前准备的多媒体课件，结合学生小组代表的展示和说明，进行点评和讲解。

活动目标：1. 肯定学生的劳动成果，激发学生的学习兴趣。

2. 让学生准确认识喜鹊腿部的特点。

【活动3】教师示范喜鹊腿部的画法，与学生画的进行对比

1. 教师展示喜鹊腿部的画法，讲解喜鹊腿部的特征：喜鹊脚趾的肌肉呈半圆形、脚指甲尖而长呈半弧形，小腿和脚趾厚度的比为1:2。

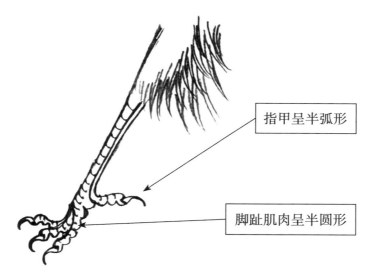

2. 学生认真观察老师的绘画，并记录喜鹊腿部的特点，培养观察能力和审美能力。

3. 学生练习喜鹊腿部画法，从绘图过程中了解喜鹊腿部特征，培养动手能力。

4. 教师观察和指导学生绘画，基本掌握后进行下一步的教学。

【活动4】教师理论讲解喜鹊腿部的雕刻方法

1. 原料和刀具：雕刻喜鹊腿部，宜选用质地结实、体积较大的瓜果、根茎原料，如南瓜、胡萝卜。

2. 雕刻刀法和手法：雕刻喜鹊腿部常用横刀手法、执笔手法；常用刀法有刻、戳等。

步骤1：粗坯修整

取南瓜料一片，用水溶性铅笔描出喜鹊腿部大形并用戳刀戳薄后脚趾大料。

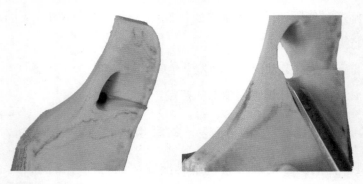

步骤2：雕刻腿部脚趾

用水溶性铅笔描出前脚趾位置，去除多余废料，然后用主刀压出脚趾大形，再用水溶性铅笔描出趾骨大形。注意：雕刻前脚趾时，三只脚趾要分开呈三角形。

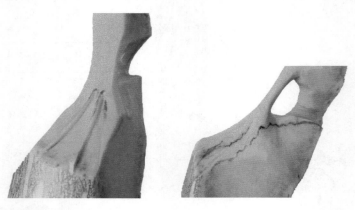

步骤3：雕刻脚趾与大腿羽毛

用主刀照着描好的线条刻出脚趾肌肉和指甲，并修圆滑，再用勾线刀勾出大腿的绒毛。注意：刻脚趾肌肉时要交代出肌肉的凹凸感，大腿绒毛要由长至短。

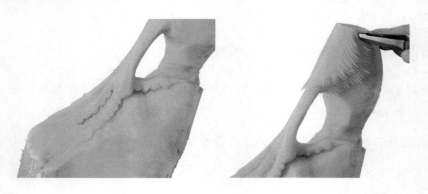

步骤4：雕刻腿部纹路

用勾线刀勾出小腿的纹理，再用平刀法去除废料。注意：走刀时要直着下刀平着去料。

步骤5：修整

用主刀去空前后脚趾的多余废料，将大腿修整圆滑即可。

【活动5】教师示范，学生分组进行实物雕刻训练

建议教法：小组合作训练与教师个别指导相结合。

活动设计：1. 将同学们分成四组，以小组合作形式进行雕刻训练。通过分组演练，让学生在相互学习中，初步掌握喜鹊腿部的雕刻方法。

2. 教师边示范、边提醒学生雕刻中的技术难点和注意事项。过程中培养学生良好的学习习惯和卫生、纪律习惯。

3. 教师分别指导学生训练，指导学生解决问题。

4. 学生分别训练，对不理解的难点及时提问。让学生直观地认识喜鹊腿部的雕刻方法，记忆喜鹊腿部的雕刻过程，掌握手法、刀法的运用技巧。

【活动6】师生互动，作品评赏

建议教法：师生互评法、评分法。

活动设计：1.学生互相评价作品。

2.教师按下面的评分表对学生的作品进行打分，在互评中提高学生对作品的鉴赏能力和口头表达能力。

3.教师总结学生存在的问题和解决问题的方法。

4.学生认真听取老师的点评，明确自己存在和解决问题的方法。

雕刻喜鹊腿部评分表

考核项目	评分细则	分值	得分
雕刻喜鹊腿部	造型独特、动态逼真	30	
	结构合理、比例正确、协调	30	
	刀工精细、线条流畅	20	
	卫生整洁	20	
总分		100	

温故知新

任务1：每天雕刻喜鹊腿部作品两只。

任务2：整理笔记，牢记喜鹊腿部特征，绘制5张喜鹊腿部的图画。

课后任务

1.作业任务：收集喜鹊的图例，掌握喜鹊的比例特征。

2.途　　径：互联网、图书、花鸟市场（实物鸟）等。

3.呈交方式：PPT格式，发到老师的邮箱。

4.要　　求：小组完成。

5.建　　议：与计算机任课教师合作，对学生进行计算机应用指导。

任务15　雕刻喜鹊

1. 知识目标：能复述喜鹊雕刻手法及步骤。

2. 技能目标：学生初步掌握喜鹊的雕刻方法。

3. 能力目标：以实操为基础，理论与实践相结合，通过电教手段、学生动手习作及教师点评等激发学生的学习兴趣和求知欲，对学生进行理论联系实际的学法指导，培养学生严谨、细致、富于创造的精神。

教学用具

砧板、雕刻刀、胡萝卜、木刻刀、电教设备等

实施教学

教师任务

1. 认真检查学生们发来的作业。

2. 筛选部分完成得比较好的作业，进行整合，做成PPT课件，为教学做好前期准备。

【活动1】让学生汇报课前的作业任务

建议教法：学生展示法，多媒体辅助教学法。

活动设计：1. 让各小组派代表展示学生查找到喜鹊的图片，并说明其身体比例特征。培养学生的多媒体使用能力、想象力、观察能力和信息资料收集能力。

2. 学生投票选出具有代表性的图片和表达喜鹊特征最到位的一组，通过展示和描述喜鹊的特征，培养学生的表达能力。

【活动2】教师点评学生课前作业汇报情况

建议教法：讲述、展示。运用多媒体辅助教学。

活动设计：教师通过展示课前准备的多媒体课件，结合学生小组代表的展示和说明，
　　　　　进行点评和讲解。

活动目标：1.肯定学生的劳动成果，激发学生的学习兴趣。

　　　　　2.让学生准确认识喜鹊的特点。

【活动3】教师示范喜鹊的画法，与学生画的进行对比

　　1.教师展示喜鹊的画法，讲解喜鹊的比例与特征。

　　喜鹊的身体比例：头与身体
的比为1∶1.2，身体与尾巴的比为
1∶2。

　　喜鹊的身体特征：身体呈鸡
蛋形、尾巴呈放射线形、嘴巴呈
V形。

　　2．学生认真观察老师的绘
画，并记录喜鹊的特点，培养观
察能力和审美能力。

　　3．学生练习喜鹊的绘画，从
绘图过程中了解喜鹊的特征，培养动手能力。

　　4.教师观察和指导学生绘画，基本掌握后进行下一步的教学。

【活动4】教师理论讲解喜鹊的雕刻方法

　　1.原料和刀具：雕刻喜鹊，宜选用质地结实、体积较大的瓜果、根茎原料，如南
瓜、胡萝卜。

　　2.雕刻刀法和手法：雕刻喜鹊常用横刀手法、执笔手法；常用刀法有刻、戳等。

步骤1：粗坯修整

　　用502胶水粘出喜鹊的粗坯料，用水溶性铅笔在原料上画出原始大形并去除废料。
注意：要按照比例描出大形。

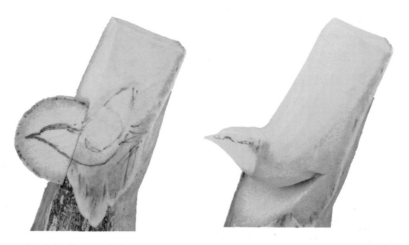

步骤2：雕刻喜鹊的翅膀与头部

用U形戳刀戳出翅膀的大形，用主刀刻出鸟的嘴巴并用勾线刀勾出鸟头部的冠纹和腮纹。注意：雕刻嘴巴时要呈现出三角形，勾冠纹和腮纹时下刀力度要均匀。

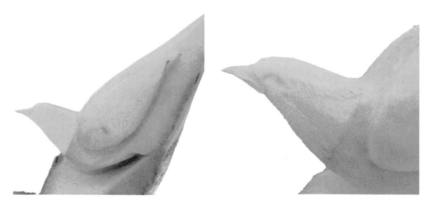

步骤3：雕刻翅膀

用勾线刀勾出翅膀两层小绒毛，再用主刀刻出复羽和飞羽。注意：雕刻翅膀羽毛要直刀刻，平刀去废料。

步骤4：雕刻大腿

用U形刀戳出大腿位置，再用勾线刀勾出大腿部两层绒毛。注意：戳出大腿后要把腹部废料去平整。去除大腿部绒毛废料时不宜过厚。

步骤5：雕刻小腿与爪子

用主刀定出爪子大形三角形，并定出脚趾去除废料，再用主刀刻出脚趾的肌肉和趾甲。注意：刻爪子时后脚趾与前爪中趾要在同一直线上。脚趾的肌肉要呈现小半圆形，爪子要尖细而长。

步骤6：雕刻喜鹊尾巴

取一片料，用水溶性铅笔描出尾巴形状，再用主刀划出并去除废料待用。注意：雕刻时，尾巴中间长、两边短，呈放射线状。要直刀刻、平刀去除废料。

步骤7：雕刻山石与树枝

用主刀雕刻出树枝，粘在爪子旁边。用主刀刻出山石大形，并用U形勾线刀勾出山石细节。注意：雕刻山石时深浅适度，呈现层次感。去除山石废料时要注意身体和山石的衔接处，去料要适度，避免身体脱落。

步骤8：组装作品

将刻好的尾巴粘至翅膀下方，雕刻小草粘至山石上即可。注意：粘贴时，要把尾部和尾巴的粘贴面切平整，然后再粘，以免脱落。

【活动5】教师示范，学生分组进行实物雕刻训练

建议教法：小组合作训练与教师个别指导相结合。

活动设计：1. 将同学们分成四组，以小组合作形式进行雕刻训练。通过分组演练，让学生在相互学习中，初步掌握喜鹊的雕刻方法。

     2. 教师边示范、边提醒学生雕刻中的技术难点和注意事项。过程中培养学生良好的学习习惯和卫生、纪律习惯。

3. 教师分别指导学生训练，指导学生解决问题。

4. 学生分别训练，对不理解的难点及时提问。让学生直观地认识喜鹊的雕刻方法，记忆喜鹊的雕刻过程，掌握手法、刀法的运用技巧。

【活动6】师生互动，作品评赏

建议教法：师生互评法、评分法。

活动设计：1. 学生互相评价作品。

2. 教师按下面的评分表对学生的作品进行打分，在互评中提高学生对作品的鉴赏能力和口头表达能力。

3. 教师总结学生存在的问题和解决问题的方法。

4. 学生认真听取老师的点评，明确自己存在和解决问题的方法。

雕刻喜鹊评分表

考核项目	评分细则	分值	得分
雕刻喜鹊	造型独特、动态逼真	30	
	结构合理、比例正确、协调	30	
	刀工精细、线条流畅	20	
	卫生整洁	20	
总分		100	

温故知新

任务1：每天雕刻喜鹊作品两只。

任务2：整理笔记，牢记喜鹊的身体比例、特征，绘制5张喜鹊的图。

课后任务

1. 作业任务：收集锦鸡的图例，掌握锦鸡的比例特征。

2. 途　　径：互联网、图书、等。

3. 呈交方式：PPT格式，发到老师的邮箱。

4. 要　　求：小组完成。

5. 建　　议：与计算机任课教师合作，对学生进行计算机应用指导。

任务16　雕刻锦鸡

1. 知识目标：能复述锦鸡雕刻手法及步骤。

2. 技能目标：学生初步掌握锦鸡的雕刻方法。

3. 能力目标：以实操为基础，理论与实践相结合，通过电教手段、学生动手习作及教师点评等激发学生的学习兴趣和求知欲，对学生进行理论联系实际的学法指导；培养学生严谨、细致、富于创造的精神。

教学用具

砧板、雕刻刀、胡萝卜、木刻刀、电教设备等

实施教学

教师任务

1. 认真检查学生们发来的作业。

2. 筛选部分完成得比较好的作业，进行整合，做成PPT课件，为教学做好前期准备工作。

【活动1】让学生汇报课前的作业任务

建议教法：学生展示法，多媒体辅助教学法。

活动设计：1. 让各小组派代表展示学生查找到的锦鸡的图片，并说明其特征。培养学生的多媒体使用能力、想象力、观察能力和信息资料收集能力。

2.学生投票选出具有代表性的图片和表达锦鸡特征最到位的一组，通过展示和描述锦鸡的特征，培养学生的表达能力。

【活动2】教师点评学生课前作业汇报情况

建议教法：讲述、展示。运用多媒体辅助教学。

活动设计：教师通过展示课前准备的多媒体课件，结合学生小组代表的展示和说明，进行点评和讲解。

活动目标：1. 肯定学生的劳动成果，激发学生的学习兴趣。

2. 让学生准确认识锦鸡的特点。

【活动3】教师示范锦鸡的画法，与学生画的进行对比

1. 教师展示锦鸡的画法，讲解锦鸡的身体比例与特征。

锦鸡的身体比例：头与身体的比为1:1.2　身体与尾巴的比为1:2。

锦鸡的身体特征：身体呈鸡蛋形、尾巴呈放射线状。

2. 学生认真观察老师的绘画，并记录锦鸡的特点，培养观察能力和审美能力。

3. 学生练习绘画锦鸡，从绘图过程中了解锦鸡的特征，培养动手能力。

4. 教师观察和指导学生绘画，基本掌握后进行下一步的教学。

【活动4】教师理论讲解锦鸡的雕刻方法

1. 原料和刀具：雕刻锦鸡，宜选用质地结实、体积较大的瓜果、根茎原料，如南瓜、胡萝卜、青萝卜等。

2. 雕刻刀法和手法：雕刻锦鸡常用横刀手法、执笔手法；常用刀法有刻、戳等。

步骤1：粗坯修整

用502胶水粘出锦鸡的粗坯料，用水溶性铅笔在原料上画出原始大形并去除多余废料。注意：要按照比例描出大形。

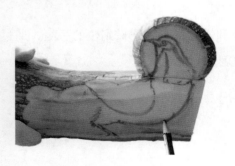 

步骤2：雕刻锦鸡的嘴巴与头部

用主刀刻出嘴巴眼睛，并用U形勾线刀勾出嘴角与鼻孔。再用V形勾线刀勾出腮纹与冠纹。注意：眼睛部位定在嘴角上方。去除腮纹和冠纹废料时尽量薄些。

步骤3：雕刻身体

用执笔刀法雕刻翅膀羽毛，并用V型勾线刀勾出尾部与大腿绒毛。注意：雕刻翅膀羽毛时要由短—长—短—长。直刀刻平刀去废料。

步骤4：雕刻身体尾部羽毛

取心里美萝卜一块，用V形勾线刀勾出尾部绒毛，用主刀平片出，粘至尾部与大腿部即可。注意：勾绒毛时走刀力度一定要均匀。

 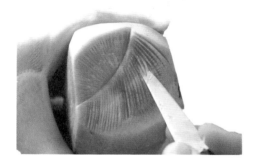

步骤5：雕刻底座山石

取青萝卜粘出山石大形，并用水溶性铅笔描出山石大形，再用主刀去除多余废料，U形勾刀勾出山石的深浅度即可。注意：粘山石时取料要有高有低，呈现层次感。

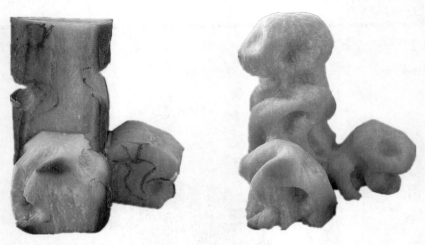

步骤6：雕刻锦鸡尾巴

取青萝卜一个，用主刀划出尾巴大形，V形勾线刀勾出羽毛，并用主刀斜刀片出。注意：片出尾巴时要呈现出由细到宽、由薄到厚的特点。

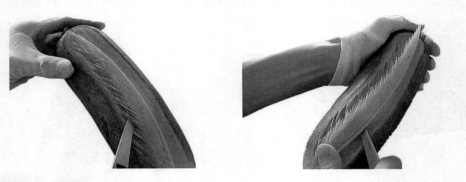

步骤7：尾巴组装

取心里美萝卜一个，用U形戳刀在心里美萝卜上戳出圆形，并片出，粘在尾巴上即可。注意：圆片粘至尾巴后要修整圆滑，不宜过厚。

步骤8：组装作品

将刻好的锦鸡身体粘至山石上，依次再把刻好的尾巴、爪子、小草粘上即可。注意：粘贴时要把身体和山石的粘贴面切平整以免脱落。粘贴尾巴时应先粘长尾巴再粘短尾巴。

【活动5】教师示范，学生分组进行实物雕刻训练

建议教法：小组合作训练与教师个别指导相结合。

活动设计：1. 将同学们分成四组，以小组合作形式进行雕刻训练。通过分组演练，让学生在相互学习中，初步掌握锦鸡的雕刻方法。

2. 教师边示范、边提醒学生雕刻中的技术难点和注意事项。过程中培养学生良好的学习习惯和卫生、纪律习惯。

3. 教师分别指导学生训练，指导学生解决问题。

4. 学生分别训练，对不理解的难点及时提问。让学生直观地认识锦鸡的雕刻方法，记忆锦鸡的雕刻过程，掌握手法、刀法的运用技巧。

【活动6】师生互动，作品评赏

建议教法：师生互评法、评分法。

活动设计：1. 学生互相评价作品。

2. 教师按下面的评分表对学生的作品进行打分，在互评中提高学生对作品的鉴赏能力和口头表达能力。

3. 教师总结学生存在的问题和解决问题的方法。

4. 学生认真听取老师的点评，明确自己存在和解决问题的方法。

锦鸡雕刻评分表

考核项目	评分细则	分值	得分
雕刻锦鸡	造型独特、动态逼真	30	
	结构合理、比例正确、协调	30	
	刀工精细、线条流畅	20	
	卫生整洁	20	
总分		100	

温故知新

任务1：每天雕刻锦鸡作品两组。

任务2：整理笔记，牢记锦鸡的身体比例、特征，绘制5张锦鸡的图。

课后任务

1. 作业任务：收集公鸡的图例，掌握公鸡的比例特征。

2. 途　　径：互联网、图书等。

3. 呈交方式：PPT格式，发到老师的邮箱。

4. 要　　求：小组完成。

5. 建　　议：与计算机任课教师合作，对学生进行计算机应用指导。

任务17　雕刻公鸡

1. 知识目标：能复述公鸡雕刻手法及步骤。

2. 技能目标：学生初步掌握公鸡的雕刻方法。

3. 能力目标：以实操为基础，理论与实践相结合，通过电教手段、学生动手习作
及教师点评等激发学生的学习兴趣和求知欲，对学生进行理论联系
实际的学法指导，培养学生严谨、细致、富于创造的精神。

教学用具

砧板、雕刻刀、胡萝卜、木刻刀、电教设备等

实施教学

教师任务

1. 认真检查学生们发来的作业。

2. 筛选部分完成得比较好的作业，进行整合，做成PPT课件，为教学做好前期准备。

【活动1】让学生汇报课前的作业任务

建议教法：学生展示法，多媒体辅助教学法。

活动设计：1. 让各小组派代表展示学生查找到公鸡的图片，并说明其身体比例特征。
培养学生的多媒体使用能力、想象力、观察能力和信息资料收集能力。

2. 学生投票选出具有代表性的图片和表达公鸡特征最到位的一组，通过展
示和描述公鸡的特征，培养学生的表达能力。

【活动2】教师点评学生课前作业汇报情况

建议教法：讲述、展示，运用多媒体辅助教学。

活动设计：教师通过展示课前准备的多媒体课件，结合学生小组代表的展示和说明，进行点评和讲解。

活动目标：1. 肯定学生的劳动成果，激发学生的学习兴趣。

2. 让学生准确认识公鸡的特点。

【活动3】教师示范公鸡的画法，与学生画的进行对比

1. 教师展示公鸡的画法，讲解公鸡的比例与特征。

公鸡的身体与尾巴的比为1∶1，脖子与腿部的高度比为1∶1，公鸡的身体呈鸡蛋形。

2. 学生认真观察老师的绘画，并记录公鸡的特点，培养观察能力和审美能力。

3. 学生练习公鸡的绘画，从绘图过程中了解公鸡的特征，培养动手能力。

4. 教师观察和指导学生绘画，基本掌握后进行下一步的教学。

【活动4】教师理论讲解公鸡的雕刻方法

1. 原料和刀具：雕刻公鸡，宜选用质地结实、体积较大的瓜果、根茎原料，如南瓜、胡萝卜。

2. 雕刻刀法和手法：雕刻公鸡常用横刀手法、执笔手法；常用刀法有刻、戳等。

步骤1：粗坯修整

用502胶水粘出公鸡的粗坯料，用水溶性铅笔在原料上画出原始大形并去除多余废料。注意：要按照比例描出大形，粘料时接口要平整不漏缝隙。

步骤2：雕刻公鸡嘴巴与头部

用主刀依次刻出嘴巴、眼睛、肉坠，再划出肩上的羽毛并去除废料。注意：雕刻时，公鸡的嘴巴呈V形，眼睛出在嘴角上方。

步骤3：雕刻身体

定出腿部位置，再用V形勾线刀勾出大腿部的羽毛，然后再用主刀划出大腿与尾部间隔的羽毛。注意：定公鸡大腿时要比普通鸟类显得粗壮些。

步骤4：雕刻爪子与山石

参照鸟类爪子的刻法雕刻出公鸡的爪子。用水溶性铅笔描出山石大形并用主刀去除废料。注意：公鸡尾部与山石衔接处去料要适度以免脱落。

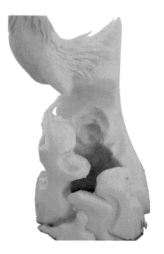

步骤5：雕刻公鸡翅膀

用水溶性铅笔描出翅膀形状并去除废料，再用主刀依次刻出翅膀的复羽和飞羽即可。注意：复羽占翅膀的1/3，飞羽末端起由长至短。

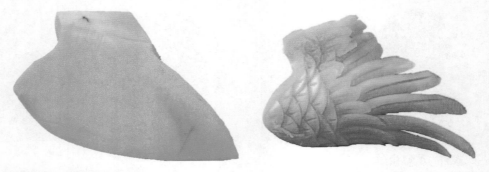

步骤6：雕刻公鸡脖子羽毛

取南瓜一个，用水溶性铅笔描出羽毛形状并刻出去除多余废料。注意：片出时末端起由薄至厚、由细至粗。

步骤7：雕刻公鸡尾巴

取南瓜一个。用主刀划出公鸡尾巴大形，再用V形勾线刀勾出羽毛纹路，最后用主刀斜刀片出。注意：勾羽毛时力度要均匀，片出时要由细至粗、由薄到厚。

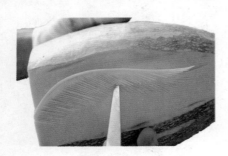

将刻好的翅膀、羽毛、尾巴依次粘上即可。注意，粘贴时先粘翅膀，再粘脖子上的羽毛。粘尾巴时，先粘长尾巴，再粘短尾巴。

【活动5】教师示范，学生分组进行实物雕刻训练

建议教法：小组合作训练与教师个别指导相结合。

活动设计：1. 将同学们分成四组，以小组合作形式进行雕刻训练。通过分组演练，让学生在相互学习中，初步掌握公鸡的雕刻方法。

2. 教师边示范边提醒学生雕刻中的技术难点和注意事项。过程中培养学生良好的学习习惯和卫生、纪律习惯。

3. 教师分别指导学生训练，指导学生解决问题。

4. 学生分别训练，对不理解的难点及时提问。让学生直观地认识公鸡的雕刻方法，记忆公鸡的雕刻过程，掌握手法、刀法的运用技巧。

【活动6】师生互动，作品评赏

建议教法：师生互评法、评分法。

活动设计：1. 学生互相评价作品。

2. 教师按下面的评分表对学生的作品进行打分，在互评中提高学生对作品的鉴赏能力和口头表达能力。

3. 教师总结学生存在的问题和解决的方法。

4.学生认真听取老师的点评，明确自己存在和解决问题的方法。

雕刻公鸡评分表

考核项目	评分细则	分值	得分
雕刻公鸡	造型独特、动态逼真	30	
	结构合理、比例正确、协调	30	
	刀工精细、线条流畅	20	
	卫生整洁	20	
总分		100	

温故知新

任务1：每天雕刻公鸡作品两组。

任务2：整理笔记，牢记公鸡的身体比例、特征，绘制5张公鸡的图。

课后任务

1.作业任务：收集凤凰的图例，掌握凤凰的比例特征。

2.途　　径：互联网、图书、等。

3.呈交方式：PPT格式，发到老师的邮箱。

4.要　　求：小组完成。

5.建　　议：与计算机任课教师合作，对学生进行计算机应用指导。

任务18　雕刻凤凰

1. 知识目标：能复述凤凰雕刻手法及步骤。

2. 技能目标：学生初步掌握凤凰的雕刻方法。

3. 能力目标：以实操为基础，理论与实践相结合，通过电教手段、学生动手习作及教师点评等激发学生的学习兴趣和求知欲，对学生进行理论联系实际的学法指导，培养学生严谨、细致、富于创造的精神。

教学用具

砧板、雕刻刀、胡萝卜、木刻刀、电教设备等

实施教学

教师任务

1. 认真检查学生们发来的作业。

2. 筛选部分完成得比较好的作业，进行整合，做成PPT课件，为教学做好前期准备工作。

【活动1】让学生汇报课前的作业任务

建议教法：学生展示法，多媒体辅助教学法。

活动设计：1. 让各小组派代表展示学生查找到凤凰的图片，并说明其身体比例特征。培养学生的多媒体使用能力、想象力、观察能力和信息资料收集能力。

2. 学生投票选出具有代表性的图片和表达凤凰特征最到位的一组，通过展示和描述凤凰的特征，培养学生的表达能力。

【活动2】教师点评学生课前作业汇报情况

建议教法：讲述、展示，运用多媒体辅助教学。

活动设计：教师通过展示课前准备的多媒体课件，结合学生小组代表的展示和说明，进行点评和讲解。

活动目标：1. 肯定学生的劳动成果，激发学生的学习兴趣。

2. 让学生准确认识凤凰的特点。

【活动3】教师示范凤凰的画法，与学生画的进行对比

1. 教师展示凤凰的画法，讲解凤凰的比例与特征。

凤凰的头与身体的比为1：1，身体与尾巴的比为1：2.5，凤凰的身体呈鸡蛋形，尾巴呈火焰形。

2. 学生认真观察老师的绘画，并记录凤凰的特点，培养观察能力和审美能力。

3. 学生练习凤凰的绘画，从绘图过程中了解凤凰的特征，培养动手能力。

4. 教师观察和指导学生绘画，基本掌握后进行下一步的教学。

【活动4】教师理论讲解凤凰的雕刻方法

1. 原料和刀具：雕刻凤凰，宜选用质地结实、体积较大的瓜果、根茎原料，如南瓜、胡萝卜。

2. 雕刻刀法和手法：雕刻凤凰常用横刀手法、执笔手法；常用刀法有刻、戳等。

步骤1：粗坯修整

用502胶水粘出作品底托的粗坯料，用水溶性铅笔在原料上画出月亮云朵并去除废料。注意：月亮和云的粘贴面须切平整。

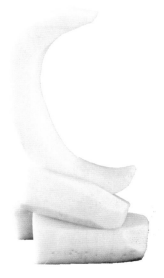

步骤2：雕刻凤凰脖子与头部

先粘出凤凰脖子的大形并用水溶性铅笔描出凤凰的头部，再用主刀去除多余废料。注意：粘头部原料时，头的方向为斜上方，刻脖子时要由细至粗。

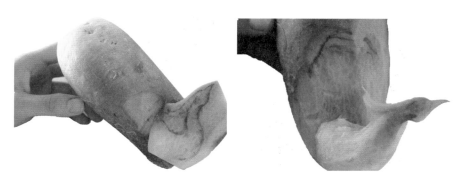

步骤3：雕刻身体

用主刀修出身体，U形戳刀戳出大腿和尾部位置，再用主刀刻出身体鳞片。注意：修身体时要修出椭圆形，雕刻鳞片时要直着下刀，平刀去除废料。

步骤4：雕刻冠羽和头部

用勾线刀勾出冠羽的纹理并去薄，再用胡萝卜刻出嘴巴和肉坠，粘贴上即可。注意：勾冠羽纹理时走刀力度一定要均匀。

步骤5：雕刻脖子羽毛

取青萝卜一片，用主刀划出脖子羽毛，一般划三条为一组，一共刻出四到五组，粘至脖子上即可。注意：走刀时尽量划出S形，片出时，末短起、由薄至厚。

步骤6：雕刻护尾羽和云片

先取青萝卜，依照雕刻锦鸡尾巴方法刻出护尾羽，再取心里美萝卜一片用水溶性铅笔画出云的大形并去除多余废料。注意：雕刻护尾羽时要刻得细而长些。

步骤7：雕刻翅膀与凤尾

先用水溶性铅笔在萝卜上描出翅膀和凤尾的大形，再用主刀雕刻出细节部分，最后片出即可。注意：刻凤凰翅膀方法和刻喜鹊翅膀的方法相同。凤尾的线条要划出S形，雕刻得飘逸些。

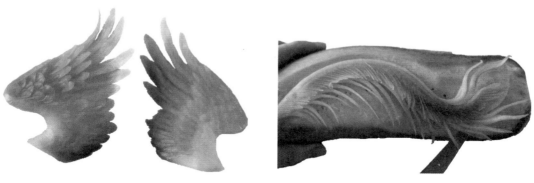

步骤8：组装作品

先将刻好的凤凰身体粘贴在月亮上，再把翅膀粘在身体两端，最后再把刻好的凤尾、护尾羽、云片依次粘贴组合即可。注意：凤凰和月亮的布局要协调。将凤凰粘贴在月亮中间，头朝斜上方。粘贴尾巴时要让尾巴打开，突出层次感。

【活动5】教师示范，学生分组进行实物雕刻训练

建议教法：小组合作训练与教师个别指导相结合。

活动设计：1.将同学们分成四组，以小组合作形式进行雕刻训练。通过分组演练，让学生在相互学习中，初步掌握凤凰的雕刻方法。

2.教师边示范边提醒学生雕刻中的技术难点和注意事项。过程中培养学生良好的学习习惯和卫生、纪律习惯。

3.教师分别指导学生训练，指导学生解决问题。

4.学生分别训练，对不理解的难点及时提问。让学生直观地认识凤凰的雕刻方法，记忆凤凰的雕刻过程，掌握手法、刀法的运用技巧。

【活动6】师生互动，作品评赏

建议教法：师生互评法、评分法。

活动设计：1.学生互相评价作品。

2.教师按下面的评分表对学生的作品进行打分，在互评中提高学生对作品的鉴赏能力和口头表达能力。

3.教师总结学生存在的问题和解决问题的方法。

4.学生认真听取老师的点评，明确自己存在和解决问题的方法。

雕刻凤凰评分表

考核项目	评分细则	分值	得分
雕刻凤凰	造型独特、动态逼真	30	
	结构合理、比例正确、协调	30	
	刀工精细、线条流畅	20	
	卫生整洁	20	
总分		100	

温故知新

任务1：每天雕刻凤凰作品两组。

任务2：整理笔记，牢记凤凰的身体比例、特征，绘制5张凤凰的图。

课后任务

1.作业任务：收集马的图例，掌握马的比例特征。

2.途　　径：互联网、图书等。

3.呈交方式：PPT格式，发到老师的邮箱。

4.要　　求：小组完成。

5.建　　议：与计算机任课教师合作，对学生进行计算机应用指导。

任务19　雕刻马

教学目标

1. 知识目标：能复述马的雕刻手法及步骤。

2. 技能目标：学生初步掌握马的雕刻方法。

3. 能力目标：以实操为基础，理论与实践相结合，通过电教手段、学生动手习作及教师点评等激发学生的学习兴趣和求知欲，对学生进行理论联系实际的学法指导，培养学生严谨、细致、富于创造的精神。

教学用具

砧板、雕刻刀、胡萝卜、木刻刀、电教设备等

实施教学

教师任务

1. 认真检查学生们发来的作业。

2. 筛选部分完成得比较好的作业，进行整合，做成PPT课件，为教学做好前期准备工作。

【活动1】让学生汇报课前的作业任务

建议教法：学生展示法，多媒体辅助教学法。

活动设计：1. 让各小组派代表展示学生查找到马的图片，并说明其身体比例特征。培养学生的多媒体使用能力、想象力、观察能力和信息资料收集能力。

2. 学生投票选出具有代表性的图片和表达马特征最到位的一组，通过展示和描述马的特征，培养学生的表达能力。

【活动2】教师点评学生课前作业汇报情况

建议教法：讲述、展示。运用多媒体辅助教学。

活动设计：教师通过展示课前准备的多媒体课件，结合学生小组代表的展示和说明，

进行点评和讲解。

活动目标：1.肯定学生的劳动成果，激发学生的学习兴趣。

2.让学生准确认识马的特点。

【活动3】教师示范马的画法，与学生画的进行对比

1.教师展示马的画法，讲解马的比例与特征：马头与身体的比为1:1.2，马头与小腿的比为1:1，马的前肩肌肉呈品字形、毛发呈S形。

2.学生认真观察老师的绘画，并记录马的特点，培养观察能力和审美能力。

3.学生练习马的绘画，从绘图过程中了解马的特征，培养动手能力。

4.教师观察和指导学生绘画，基本掌握后进行下一步的教学。

【活动4】教师理论讲解马的雕刻方法

1.原料和刀具：雕刻马，宜选用质地结实、体积较大的瓜果、根茎原料，如南瓜、胡萝卜等。

2.雕刻刀法和手法：雕刻马常用横刀手法、执笔手法；常用刀法有刻、戳等。

步骤1：雕刻马头部

取青萝卜一块，用水溶性铅笔先描出马头的大形，再用主刀去除多余的废料。注意：定眉骨的位置要突起，将眉骨定在脸的中间线上，下巴与脸平行。

步骤2：雕刻马头细节

用U形戳刀戳出马的嘴巴、嘴唇、鼻子以及脸部的肌肉线条，再用主刀刻出牙齿、鼻孔和眼睛。注意：嘴巴的形状为U形，张开后上嘴长下嘴短，将鼻子和眼睛刻在一条水平线上。

步骤3：雕刻身体大形

粘出马的身体大形并用水溶性铅笔画出马的大形，用主刀去除多余废料，再取青萝卜一片粘出前腿坯料。注意：要按比例定出马的腹部、前腿与后腿的位置。

步骤4：雕刻马腿

先粘出前后腿的坯料，再用水溶性铅笔画出腿的形状，去除多余的废料即可。注意：要掌握好小腿和马蹄的角度，前腿和后腿略有不同。

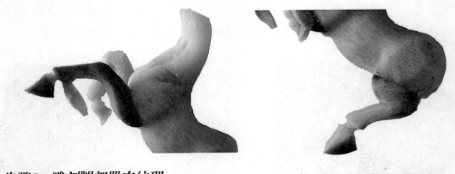

步骤5：雕刻腿部肌肉纹理

用U形戳刀戳出马蹄的凹槽部位和小腿、大腿肌肉纹理，再用U形勾线刀勾出马的前肩部肌肉纹理。注意：戳肌肉纹理时层次要分明。

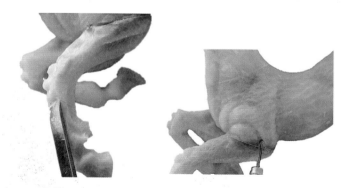

步骤6：雕刻身体细节

把刻好的马身体整个用细砂纸打磨圆滑并粘上马头。注意：粘上马头后要用刻刀把接口处修圆滑。

步骤7：雕刻脖子毛发和尾巴

取青萝卜一片，划出脖子毛发和尾巴形状并去除废料，片出，再用V形木刻刀戳出毛发纹路。注意：脖子毛发两根为一组，需刻七八组备用。马尾巴需粘出几根飘逸出来的毛发。

步骤8：雕刻底托

取心里美萝卜粘出假山的原始大形，再用主刀刻出山石大形，并用U形勾刀勾出山石的层次感。注意：底托的底部原料要粘得宽些以免作品摇晃。

步骤9：组装作品

将刻好的毛发和尾巴粘贴在马身体上，再把马粘贴在山石上即可。注意：马和山石的粘贴处先取平整再粘贴，以免摇晃脱落。

【活动5】教师示范，学生分组进行实物雕刻训练

建议教法：小组合作训练与教师个别指导相结合。

活动设计：1. 将同学们分成四组，以小组合作形式进行雕刻训练。通过分组演练，让学生在相互学习中，初步掌握马的雕刻方法。

2. 教师边示范、边提醒学生雕刻中的技术难点和注意事项。过程中培养学生良好的学习习惯和卫生、纪律习惯。

3. 教师分别指导学生训练，指导学生解决问题。

4. 学生分别训练，对不理解的难点及时提问。让学生直观地认识马的雕刻方法，记忆马的雕刻过程，掌握手法、刀法的运用技巧。

【活动6】师生互动，作品评赏

建议教法：师生互评法、评分法。

活动设计：1. 学生互相评价作品。

2. 教师按下面的评分表对学生的作品进行打分，在互评中提高学生对作品的鉴赏能力和口头表达能力。

3. 教师总结学生存在的问题和解决问题的方法。

4. 学生认真听取老师的点评，明确自己存在和解决问题的方法。

雕刻马评分表

考核项目	评分细则	分值	得分
雕刻马	造型独特、动态逼真	30	
	结构合理、比例正确、协调	30	
	刀工精细、线条流畅	20	
	卫生整洁	20	
总分		100	

温故知新

任务1：每天雕刻马作品一组。

任务2：整理笔记，牢记马的身体比例、特征，绘制5张马的图。

课后任务

1. 作业任务：收集龙头的图例，掌握龙头的比例特征。

2. 途　　径：互联网、图书等。

3. 呈交方式：PPT格式，发到老师的邮箱。

4. 要　　求：小组完成。

5. 建　　议：与计算机任课教师合作，对学生进行计算机应用指导。

任务20　雕刻龙头

1. 知识目标：能复述龙头雕刻手法及步骤。

2. 技能目标：学生初步掌握龙头的雕刻方法。

3. 能力目标：以实操为基础，理论与实践相结合，通过电教手段、学生动手习作及教师点评等激发学生的学习兴趣和求知欲，对学生进行理论联系实际的学法指导，培养学生严谨、细致、富于创造的精神。

教学用具

砧板、雕刻刀、胡萝卜、木刻刀、电教设备等

实施教学

教师任务

1. 认真检查学生们发来的作业。

2. 筛选部分完成得比较好的作业，进行整合，做成PPT课件，为教学做好前期准备工作。

【活动1】让学生汇报课前的作业任务

建议教法：学生展示法，多媒体辅助教学法。

活动设计：1. 让各小组派代表展示学生查找到龙头的图片，并说明其身体比例特征。培养学生的多媒体使用能力、想象力、观察能力和信息资料收集能力。

2. 学生投票选出具有代表性的图片和表达龙头特征最到位的一组，通过展示和描述龙头的特征，培养学生的表达能力。

【活动2】教师点评学生课前作业汇报情况

建议教法：讲述、展示，运用多媒体辅助教学。

活动设计：教师通过展示课前准备的多媒体课件，结合学生小组代表的展示和说明，进行点评和讲解。

活动目标：1. 肯定学生的劳动成果，激发学生的学习兴趣。

2. 让学生准确认识龙头的特点。

【活动3】教师示范龙头的画法，与学生画的进行对比

1. 教师展示龙头的画法，讲解龙头的比例与特征：龙头与毛发的比为1∶1.5，嘴巴呈V形。

2. 学生认真观察老师的绘画，并记录龙头的特点，培养观察能力和审美能力。

3. 学生练习龙头的绘画，从绘图过程中了解龙头的特征，培养动手能力。

4. 教师观察和指导学生绘画，基本掌握后进行下一步的教学。

【活动4】教师理论讲解龙头的雕刻方法

1. 原料和刀具：雕刻龙头，宜选用质地结实、体积较大的瓜果、根茎原料，如南瓜、胡萝卜。

2. 雕刻刀法和手法：雕刻龙头常用横刀手法、执笔手法；常用刀法有刻、戳等。

步骤1：粗坯修整

取南瓜一个，把正面修成梯形。用水溶性铅笔在原料侧面上画出原始大形。注意：要按照比例描出大形。

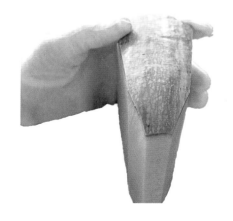 

步骤2：雕刻鼻子与额头

用刻刀定出嘴唇、鼻子和额头的位置，刻出鼻孔，用U形戳刀戳出额头高低处，再用刻刀划出眼线。注意：额头位置要高出鼻子位置。鼻孔朝上，修圆并鼓起。

步骤3：雕刻眼睛与嘴唇

用主刀刻出眼睛并修圆、修深，让眼睛鼓起，再用水溶性铅笔画出龙的嘴唇并去除废料。注意：刻出嘴唇后要压刀去除废料，突出嘴巴层次。

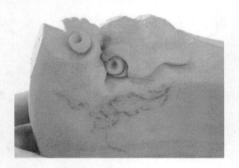
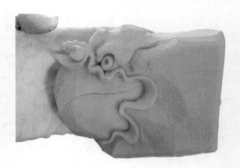

步骤4：雕刻长短牙齿

用水溶性铅笔画出头的长短牙，再用刻刀划出，并去除多余废料。注意：去料时要多次下刀，避免牙齿和废料粘连取断。

用主刀划出半圆形组成的龙腮，并去除废料，再沿着龙腮划出腮刺，用V形木刻刀戳出腮刺的纹路。注意：雕刻龙腮时大小半圆衔接要顺畅。

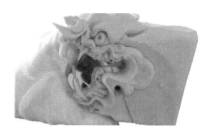 

取一块薄料，划出毛发并去除废料，再用V形木刻刀戳出毛发纹路，然后取一块薄料划出龙角大形并修圆滑。注意：龙毛发一般两三条为一组，刻五六组。龙角前端粗宽、后端尖细。

 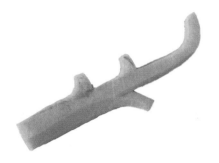

将刻好的毛发、龙角、舌头、獠牙、龙须依次粘贴上即可。注意：粘贴时毛发向上飘逸。

【活动5】教师示范，学生分组进行实物雕刻训练

建议教法：小组合作训练与教师个别指导相结合。

活动设计：1. 将同学们分成四组，以小组合作形式进行雕刻训练。通过分组演练，让学生在相互学习中，初步掌握龙头的雕刻方法。

2. 教师边示范边提醒学生雕刻中的技术难点和注意事项。过程中培养学生良好的学习习惯和卫生、纪律习惯。

3. 教师分别指导学生训练，指导学生解决问题。

4. 学生分别训练，对不理解的难点及时提问。让学生直观地认识龙头的雕刻方法，记忆龙头的雕刻过程，掌握手法、刀法的运用技巧。

【活动6】师生互动，作品评赏

建议教法：师生互评法、评分法。

活动设计：1. 学生互相评价作品。

2. 教师按下面的评分表对学生的作品进行打分，在互评中提高学生对作品的鉴赏能力和口头表达能力。

3. 教师总结学生存在的问题和解决问题的方法。

4. 学生认真听取老师的点评，明确自己存在和解决问题的方法。

雕刻龙头评分表

考核项目	评分细则	分值	得分
雕刻龙头	造型独特、动态逼真	30	
	结构合理、比例正确、协调	30	
	刀工精细、线条流畅	20	
	卫生整洁	20	
总分		100	

温故知新

任务1：每天雕刻龙头两只。

任务2：整理笔记，牢记龙头的比例、特征，绘制5张龙头的图。

1. 作业任务：收集龙的图例，掌握龙的比例特征。

2. 途　　径：互联网、图书等。

3. 呈交方式：PPT格式，发到老师的邮箱。

4. 要　　求：小组完成。

5. 建　　议：与计算机任课教师合作，对学生进行计算机应用指导。

任务21　雕刻龙

教学目标

1. 知识目标：能复述雕刻龙的手法及步骤。

2. 技能目标：学生初步掌握龙的雕刻方法。

3. 能力目标：以实操为基础，理论与实践相结合，通过电教手段、学生动手习作及教师点评等激发学生的学习兴趣和求知欲，对学生进行理论联系实际的学法指导，培养学生严谨、细致、富于创造的精神。

教学用具

砧板、雕刻刀、胡萝卜、木刻刀、电教设备等

实施教学

教师任务

1. 认真检查学生们发来的作业。

2. 筛选部分完成得比较好的作业，进行整合，做成PPT课件，为教学做好前期准备工作。

【活动1】让学生汇报课前的作业任务

建议教法：学生展示法，多媒体辅助教学法。

活动设计：1. 让各小组派代表展示学生查找到龙的图片，并说明其身体比例特征。培养学生的多媒体使用能力、想象力、观察能力和信息资料收集能力。

2. 学生投票选出具有代表性的图片和表达龙特征最到位的一组，通过展示和描述龙的特征，培养学生的表达能力。

【活动2】教师点评学生课前作业汇报情况

建议教法：讲述、展示，运用多媒体辅助教学。

活动设计：教师通过展示课前准备的多媒体课件，结合学生小组代表的展示和说明，

进行点评和讲解。

活动目标：1. 肯定学生的劳动成果，激发学生的学习兴趣。

2. 让学生准确认识龙的特点。

【活动3】教师示范龙的画法，与学生画的进行对比

1. 教师展示龙的画法，讲解龙的比例与特征：龙头与身体的比为1：8、头与尾巴的比为1：8、大腿与小腿的比为1：8。龙的身体呈S形。

2. 学生认真观察老师的绘画，并记录龙的特点，培养观察能力和审美能力。

3. 学生练习龙的绘画，从绘图过程中了解龙的特征，培养动手能力。

4. 教师观察和指导学生绘画，基本掌握后进行下一步的教学。

【活动4】教师理论讲解龙的雕刻方法

1. 原料和刀具：雕刻龙，宜选用质地结实、体积较大的瓜果、根茎原料，如南瓜、胡萝卜。

2. 雕刻刀法和手法：雕刻龙常用横刀手法、执笔手法；常用刀法有刻、戳等。

步骤1：雕刻龙头

取一块梯形的坯料，先用水溶性铅笔描出龙头大形，再依次刻出鼻子、眼睛、嘴巴，最后再刻出毛发粘贴上即可。注意：毛发要向上飘逸。

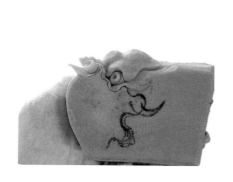

步骤2：雕刻腿部

取块南瓜坯料，先在上面描出大形并去除多余废料。注意：大腿与小腿比例为1：1，雕刻大腿时要凸显肌肉纹理。

步骤3：雕刻爪子

粘贴出龙前后爪子的坯料，再用主刀刻出爪子和腿部鳞片。注意：雕刻爪子时，脚趾层次要分开，脚趾肌肉要呈现小半圆，指甲要尖而长。

步骤4：雕刻前段龙身

先用笔画出龙前段身体，再去除多余废料，修圆滑，划出背鳍、腹鳍位置，刻出鳞片，最后粘贴上背鳍。注意：龙身体前端稍细，越往后越粗壮。

步骤5：雕刻中段龙身

先用水溶性铅笔描出龙的中段身体，并去除废料，修圆滑，划出背鳍、腹鳍位置，刻出鳞片，最后粘贴上背鳍。注意：划背鳍位置时线条要流畅些。

步骤6：雕刻龙尾巴

先用水溶性铅笔描出龙尾巴，再用主刀去除多余废料，划出背鳍、腹鳍位置，刻出鳞片，粘贴上背鳍，最后用V形木刻刀戳出尾巴毛发纹路。注意：尾巴毛发中间长、两边短，尾部身体呈现由粗至细的渐变过程。

步骤7：雕刻底托

另取南瓜一个，切出粘贴身体的斜面，刻出云层待用。注意：刻云层时下刀要干脆利落。

步骤8: 粘贴龙身、尾巴

把刻好的龙身体、尾巴粘贴在云托上,再刻出八九片云片待用。注意:龙身体和云托粘贴面要切片,以免脱落。

步骤9: 组装作品

将刻好的龙头、龙爪、云片依次粘贴组装上即可。

【活动5】教师示范,学生分组进行实物雕刻训练

建议教法:小组合作训练与教师个别指导相结合。

活动设计:1. 将同学们分成四组,以小组合作形式进行雕刻训练。通过分组演练,让
学生在相互学习中,初步掌握龙的雕刻方法。

2. 教师边示范边提醒学生雕刻中的技术难点和注意事项。过程中培养学生
良好的学习习惯和卫生、纪律习惯。

3. 教师分别指导学生训练，指导学生解决问题。

4. 学生分别训练，对不理解的难点及时提问。让学生直观地认识龙的雕刻方法，记忆龙的雕刻过程，掌握手法、刀法的运用技巧。

【活动6】师生互动，作品评赏

建议教法：师生互评法、评分法。

活动设计：1. 学生互相评价作品。

2. 教师按下面的评分表对学生的作品进行打分，在互评中提高学生对作品的鉴赏能力和口头表达能力。

3. 教师总结学生存在的问题和解决问题的方法。

4. 学生认真听取老师的点评，明确自己存在和解决问题的方法。

雕刻龙评分表

考核项目	评分细则	分值	得分
雕刻龙	造型独特、动态逼真	30	
	结构合理、比例正确、协调	30	
	刀工精细、线条流畅	20	
	卫生整洁	20	
总分		100	

温故知新

任务1：每天雕刻龙一条。

任务2：整理笔记，牢记龙的身体比例、特征，绘制2张龙的图。